JN137135

**私は大手化学メーカー、コンサルティング会社を経験し、
現在は好きが高じて日本酒に関わる仕事をしています。**

地酒の美味しさを知った糸魚川市の根知男山です

重さ3tの日本一大きな杉玉（村重酒造）

出来立ての日本酒も飲める石川酒造です

日本最大の醸造エリア、灘五郷にある菊正宗酒造です

決して誇張ではなく、年間2000種類以上の日本酒を飲んでいます。

1年ごとに並んだ木戸泉酒造の古酒

3万点以上の酒器が並ぶ日本酒文化研究所

なみなみと入った日本酒は別格です

人気イベント「にいがた酒の陣」の出展酒一覧です

日本酒づくりにも挑戦しました。

日本酒づくりは人の手がたくさんかかる、大変なお仕事です

栃木の「燦爛」を造る酒蔵です

「笹祝」の酒蔵には、パンダがいました

淡路島の地酒「都美人」が生まれるには、こんなに大掛かりな仕組みが隠れています

日本酒イベントに参加したり、企画したりもします。

日本橋で開催した「日本酒利き歩き」にそそぎ手として参加しました

日本最大のイベント「にいがた酒の陣」

飲み比べるのも楽しみ方の1つです

ふるさとチョイスのイベントの様子です

日本酒の消費量が増えているカンボジアへ。

高級和食レストランでのペアリングイベント

現地の方に日本酒を振る舞いました

カンボジアのイオンで登壇し、日本酒のPRをしたこともあります

アメリカの日本酒づくりの現場を見学したこともあります。

セコイア・サケの3銘柄

セコイア・サケのジェイク氏と

杉の棒で樽フレーバーをつけています

アメリカ産のSAKEメーカー「Cedar River Brewery Company」を訪問しました

そして、日本酒を通して、たくさんの人たちと出会ってきました。

『孤独のグルメ』の原作者・久住昌之さんとご一緒したこともありました

収録中の吉田類さんに偶然出会ったことも

お気に入りのおちょこで日本酒を飲む

そして今、日本酒は日本が誇る「世界の教養」になりつつあります。
そんな日本酒の魅力を『酒ビジネス』としてご紹介していきます。

「酒蔵を世界で一番働きたい仕事に」を目指し、蔵楽（クラク）を創業しました

日本酒の試し飲みができるサブスクサービス「TAMESHU」を開発しました

酒ビジネス

飲むのが好きな人から専門家まで楽しく読める酒の教養

髙橋理人
Masato Takahashi

All About THE SAKE BUSINESS

CROSSMEDIA PUBLISHING

※表紙の装画で描かれている日本酒は架空の銘柄のため、
実在しません。あらかじめご了承ください。

はじめに　なぜ今、日本酒は世界で注目されているのか

突然ですが、「獺祭　磨き　その先へ」をご存じでしょうか。

これは2014年に安倍元首相がアメリカのオバマ元大統領に訪日記念としてプレゼントしたことでも知られる、1本4万円を超える日本酒の銘柄です。これ以外に、2016年の伊勢志摩サミット、2023年の広島サミットでも、日本酒は各国の首脳に振舞われました。

日本酒は世界のセレブたちからも愛されています。

例えばアメリカの俳優ロバート・デ・ニーロは、新潟県の佐渡島の日本酒「北雪」に惚れ込み、自家用ジェットで買い付けに来るほどです。「佐渡は〝Sado Island〟ではなく〝Sake Island〟だ」という名言も残しています。

また、歌手であり女優のシンディ・ローパーは、お忍びで来日した際には、新幹線に乗り込むとすぐに日本酒をたしなむのが大好きだそうです。また、プロゴルファーのタイガー・ウッズは、不調に苦しんでいた際に薦められた日本酒を飲んでスランプを脱出。そ

れ以降、大切な試合の前にはゲン担ぎに日本酒を飲んでいるそうです。

データを見ても、日本酒の輸出先は2023年時点で75の国と地域にまで増えていることがわかります。つまり、世界の3割以上で日本酒が飲まれているということです。

日本酒を取り巻く環境は、今、大きな節目を迎えています。

国内では少子高齢化や人口減少、若者のアルコール離れによって、消費量は減少傾向にあります。一方、海外に目を向けると2012年から10年間で増え、高級な日本酒も増えていることからも、世界中で求められているといえます。

また、日本酒の技術をベースにした「クラフトサケ」が登場し、新規参入がしやすい環境が整いました。これはわずか10年間での話です。今まさに日本酒は大きな変革の過渡期にあります。


日本酒はワインやビール、ウイスキーと並ぶアルコール市場において、1つのカテゴリーに認識され、世界的な飲み物になる可能性が十分にあります。1000年以上の歴史を持つとされる日本酒が、国際的な舞台で新たな段階を迎えようとしているのです。

この本は、酒ビジネスに興味がある方、挑戦してみたい方のために書きました。日本の酒について、俯瞰的にも虫瞰的にも見られるように意識しています。日本の酒文化についての教養を深めたい方にもぜひお読みいただきたいです。

第1章は酒ビジネスの概要を交えて触れています。続く第2章では、お酒の歴史について古代から現代までの流れを押さえていきます。第3章から8章にかけては、製造・品評・容器・流通から販売までのサプライチェーンについて触れ、お酒の楽しみ方、海外における酒づくりなど、幅広く取り扱っています。

そして、第9章では新ジャンルとして注目されているクラフトサケやテクノロジー活用の事例についても触れています。興味のある部分から読み進め、日本の酒の魅力とそのあふれる可能性を感じ取ってください。

本書の制作においては、可能な限り中立に書くことを心がけています。その上で、できる限りわかりやすく、「酒ビジネス」について身近に感じていただけるように、必要な部分はあえて具体的な銘柄や名称を使っております。

現在の酒ビジネスは新規参入がしやすくなり、未経験の方でも取り組みやすくなっています。そのため、本書が酒ビジネスにおける全体像と、未来のアイデアを見つけるヒントとなり、明日の仕事の糧になったのなら嬉しいです。

それでは、楽しいお酒の世界へ出発しましょう。

第3章 「獺祭」に学ぶ酒づくりの世界

Chapter 3 : The world of sake brewing

第4章 新酒鑑評会に学ぶ日本酒コンテストの世界

Chapter 4 : The world of sake contest

第5章 「ワンカップ大関®」に学ぶ容器の世界

Chapter 5 : The world of sake packaging

第6章 角打ちに学ぶ酒屋の世界

Chapter 6 : The world of sake liquor stores

第7章 ワインに学ぶ日本酒の楽しみ方の世界

Chapter 7 : The art of enjoying sake

第8章 海外に学ぶSAKEの世界

Chapter 8 : The world of sake abroad

第9章 クラフトサケに学ぶ これからの酒ビジネスの世界

Chapter 9 : The future of sake business

終章 日本が「SAKE立国」になる日
Chapter 10 : The day Japan becomes a sake nation

カバーデザイン　金澤浩二
カバーイラスト　山田将志

第1章

「八海山」に学ぶ酒ビジネスの世界

Chapter 1

The world of sake business

ALL ABOUT THE SAKE BUSINESS

1

なぜ八海山はどこでも美味しく飲めるのか

「越乃寒梅」「久保田」「雪中梅」。これらはすべて新潟県の日本酒であり、一度は耳にしたことがあるのではないでしょうか。

同じく「八海山」も知名度が高い新潟のお酒で、日本酒を嗜んだことのある人は、まず口にしたことがあるかと思います。居酒屋のほか、スーパーやコンビニでも手にすることができます。

その身近さから老舗にも感じられる八海山ですが、意外にも他の酒蔵と比較すると若手に分類されます。日本酒業界では創業２００年、３００年という蔵も少なくない中で、八海山を醸造する八海醸造は創業１００年を迎えたばかりのベンチャー企業と言えます。

そして、後発のベンチャーであるがゆえに、八海醸造は日本酒で培った「米・麹・発酵」というコア技術を活かし、日本酒以外の多岐にわたる事業にも積極的に参入をしています。

アルコール分野は、焼酎や梅酒、地ビールの醸造、グループ会社による北海道のニセコでのジンとウイスキーの製造のように、日本酒以外にもアルコール事業を行っています。ノンアルコール分野では、甘酒やオリジナル化粧品ブランドなどの展開を行っています。

さらに、東京都の麻布・日本橋に直営店「千年こうじや」を構え、魚沼の食文化を発信するとともに、地元の南魚沼市には日本酒を製造する酒蔵を中心として、７万坪の敷地に「魚沼の里」というリゾート地を思わせる複合施設の展開を行っています。

海外においては、アメリカ・ニューヨーク州で初のクラフトＳＡＫＥメーカー「Brooklyn（ブルックリン） Kura（クラ）」とパートナーシップを締結しました。これほど多方面の分野でダイナミックな展開を行っている酒蔵は他に例がありません。

これほど多角的な経営を行い、ブランドの認知が高まっているにもかかわらず、八海山は決して遠い存在ではなく、私たちはいつでも美味しく飲むことができます。

その理由は、八海醸造がレギュラー酒を「日常消費財」と考え、「よい酒を、より多くの人に」という理念を実現すべく、企業努力をしていることが挙げられます。

八海醸造は１９２２年に創業しました。南魚沼の地主だった初代蔵元の南雲（なぐも）浩一氏が地域活性化を目的に、村に病院や製糸工場、発電所を作り、酒蔵もその1つでした。「何もないところに産業を興して地域を活性化させよう」という想いから始まったので、ニーズがあったわけでもない販路開拓は大変な苦戦をします。

そんな中、群馬や神奈川の市場に活路を見出し、八海山の評価が高まっていきます。平成元年頃には、製造が追いつかなくなるとプレミア化が起こり、2000円のお酒が5000円で流通してしまいました。

この時、八海醸造としては高く利益を取るチャンスとは捉えませんでした。2000円で売るお酒を5000円で売られてしまったら、同じ品質でも割高感を与えてしまう。つまり、品質が下がることと同じだと考えたのです。

「商品が需要に対して少ないのは、メーカーとして供給責任を果たせていないから」

このように真摯に状況を受け止め、八海醸造では供給量の確保に努めます。ここでの秘訣は、「製造体制をそのままにして製造量だけを増やすと、日本酒は必ず質が悪くなる」として、設備の拡充と刷新、原料確保など製造体制に先行して投資を行う点です。

こうして、「質」と「量」の相反する課題をクリアしたからこそ、私たちは今日も美味しく八海山が飲めるのです。

なぜ今、世界で日本酒が人気なのか

「海外で日本酒の人気が出てきている」

こうした話をニュースで耳にしたことがある方もいらっしゃるかもしれません。

実際に、世界中で日本酒の人気は急上昇しています。これまで日本酒の消費は日本国内が中心でしたが、今では欧米、アジア、オセアニアなど、世界各地で日本酒が注目されています。

実際に数字で見ても、２０２２年度までは日本酒の輸出額は増えており、２００９年と比較すると6・6倍の４７５億円に達しています。２０２３年度は、輸出金額・数量の約半数を占める中国の景気後退と、アメリカの消費マインドの低下による需要減退により、前年比86・5％の４１０億円となったものの、1リットルあたりの輸出金額は２０２２年に続いて上昇し、過去最高を記録しました。

つまり、海外において日本酒は高い付加価値を提供し続けているということです。日本酒の国内市場は４５００億円と推計されているので、このほかに約１割相当が海外で販売されている計算になります。では、なぜこれほどまでに日本酒の人気は高まっているのかについて、３つの観点から見ていきます。

①和食ブームによる日本食レストランの増加

まず、国際的な日本料理ブームが挙げられます。２０１３年に「和食」がユネスコ無形文化遺産に登録され、和食を扱う日本食レストランの海外出店が加速しました。

実際に農林水産省の調べでは、２０２３年の海外における日本食レストランの数は約18・７万店。２０２１年は約15・９万店だったので、２年間で約20％も伸びています。地域別に見ると、アジア地域がもっとも多く12・２万店。ヨーロッパが１・６万店、アメリカが２・９万店となっています。

それと同時に、和食に合うお酒として日本酒の需要が高まり、特に寿司と日本酒のペアリングは多くの国で高い人気を誇っています。とりわけアジア地域では、高級な日本料理店で日本酒を飲むことが１つのステータスにもなっています。

また、ヨーロッパではオーガニック認証を獲得した日本酒をＰＲする酒蔵も増えています。

②品質の向上

日本酒はこの10年で驚くほど品質が良くなりました。正直に申し上げて、私が日本酒を本格的に飲み始めた２００９年頃は明らかな「ハズレ」もありました。しかし、ここ数年の日本酒は本当にどれも美味しく、個性も豊かになりました。

なかには、まるで桃やメロンのようなフルーティーな日本酒も増えています。海外市場ではこうしたフルーティーな日本酒が、ワインに慣れている人たちにも非常に馴染みやすかったので、次第に受け入れられるようになりました。

さらに、日本食以外の食べ物との相性がいいことが認知されつつあり、チーズやピザとも一緒に楽しまれることもあるそうです。また、ステーキなどの牛肉料理に合わせるための「カウボーイ（新潟県・塩川酒造）」や、オイスターに合せるための「ＩＭＡ（イマ）（新潟県・今代司酒造）」など、ピンポイントで料理との相性を意図した日本酒が増えたことも、海外での日本酒の消費拡大に寄与したと考えられます。

③冷蔵輸送サービスの向上

冷蔵輸送へのハードルは以前よりも下がりました。そのため、保冷した状態での日本酒の輸送が可能となりました。

特に、高級な日本酒は、繊細でつややかな味わいである反面、温かい環境で輸送すると品質が大幅に劣化してしまうリスクがあります。そのため、冷蔵輸送が普及したことで、高品質な日本酒を現地でも新鮮なまま味わえるようになり、これまでにない鮮度の日本酒を楽しむ機会が広がりました。

こうした日本国内と同等のクオリティの日本酒を長距離輸送できるようになったことも、日本酒人気に拍車がかかった要因と考えられます。

その他にも、足元の円安の影響やインバウンドの増加により、日本酒の輸出は今後も伸びていくことが期待されます。

3 海外で日本酒は造れるのか

「日本酒は日本だけでしか造れない」

そんなイメージを持っている方もいるかと思います。しかし、海外での日本酒人気の高まりを受け、海外でも日本酒を製造する動きが活発化しているのをご存じでしょうか。

現在、日本国内には約１４００軒の日本酒醸造所がありますが、海外にもすでに70軒ほどの醸造所があると言われています。もっとも多いのはアメリカの約20軒で、その他にカナダやヨーロッパ、アジアやオセアニアにも醸造所があります。

なお、海外で造られたものは日本酒ではなく、「ＳＡＫＥ」と呼びます。これは、国税庁が日本産米を使い、日本国内で醸造したものを「日本酒」と定義し、明確に区別をしているためです。そのため本書でも、特に断りがない限り、海外産の日本酒はＳＡＫＥと表記します。

もっともＳＡＫＥの醸造所が多いアメリカの中で、２０１８年にニューヨーク州で初のクラフトＳＡＫＥメーカーとして、ブランドン・ドゥーアン氏とブライアン・ポーレン氏の2人のアメリカ人が創業したのがBrooklyn Kuraです。

醸造所にはタップルームも併設されており、まるでクラフトビールのようにタップから搾りたてのＳＡＫＥを飲むことができます。

そんなBrooklyn Kuraと八海醸造グループは、アメリカ市場での日本酒とＳＡＫＥの魅力を広めることを目指し、２０２１年12月に業務資本提携を発表しました。２０２３年秋には新たな蔵を新設し、酒づくりをスタートしています。八海醸造のスタッフが数名常駐し、酒づくりのノウハウを共有しながら技術面でサポートを行っています。

新蔵には「サケスタディセンター」が併設され、そこで八海醸造のブランド・アンバサダーでもあるティモシー・サリバン氏が日本酒の文化や歴史を総合的に学べるセミナーを行っており、ニューヨークにおけるＳＡＫＥの情報発信拠点となっていくと考えられます。

この業務資本提携の背景には、海外のアルコール市場においても日本酒（ＳＡＫＥ）をスタンダードな存在として、世界飲料にしたいという想いがあります。ビールやウイスキーは発祥がどこかわからないほど、日本人には身近なものになっています。同じ状態を目指しているということです。

それは、日本人が自ら海外で学んだ知識を日本で実践して、自分自身で創意工夫を重ねたからこそ、ビールやウイスキーは誇りあるお酒となっているのです。

同じように日本酒が世界飲料となり、文化として浸透するためには、「その国の国民が現地の米、現地の水を使ってＳＡＫＥを造り出し、現地に暮らす人々が楽しく飲む」という形を根付かせていく必要があります。

なお、ＳＡＫＥの主原料となる水について、当初水質が異なる可能性があり不安材料だったそうです。しかし、ブルックリンに流れる水の水質は軟水で、八海醸造が求める品質が表現できると感じたそうです。

ＳＡＫＥが世界飲料を目指すための、お酒の神様の導きのようにも感じました。

ALL ABOUT THE SAKE BUSINESS

4

麹が世界共通語になる日

改めて「麹とは何か？」と聞かれると、一瞬答えに戸惑ってしまうかもしれません。

麹を理解いただくために、ここで日本の代表的な調味料の話をします。代表的な調味料として、砂糖・塩・酢・醤油・味噌・みりん、そして日本酒が挙げられますが、このうち砂糖・塩を除いたすべての調味料は「麹」の力を利用して作られています。

麹とは米・麦・大豆などの穀物に「麹菌」と呼ばれるカビの一種を繁殖させたものの総称で、日本の発酵食品を作る際に欠かせません。どんな食材で菌を繁殖させるかによって、出来上がる麹の種類が変わります。米に麹菌が繁殖すれば米麹、麦に麹菌が繁殖すれば麦麹、豆に麹菌を繁殖させれば豆麹です。

麹の形はイメージしづらいかもしれませんが、例えば米麹であれば、米に白いカビがモコモコと生えたもので、見た目はほぼ元々のお米と同じです。
麹菌の面白い点は、カビにも関わらず毒性が無いだけではなく、酵素の力で食品の旨みや甘味をパワフルに引き出すところです。麹菌は湿度の高い東アジアや東南アジアにしか生息しておらず、特に日本の麹菌は「ニホンコウジカビ」と呼ばれ、国菌（こっきん）にも指定をされています。

麹は、お酒や味噌などの最終製品の手前で製造される「中間材料」なので、単体で目にする機会は少ないかもしれませんが、私たち日本人の日常においては触れずに生活するのが難しいくらい、あちこちに麹を使ったものがあります。最近だと、コンビニやスーパーでも麹を使った食品やドリンクが出てきています。というのも、麹は腸内の活性化や便秘の解消、肌をきれいにする効果が期待されているからです。

八海醸造では、この麹の力を活かしてノンアルコールの「麹だけでつくったあまさけ」シリーズの製造を行っています。サイズはヤクルトのように小さいものもあり、手軽に飲むことができます。また、肌に優しいスキンケアシリーズ「reint（レイント）」も製造しています。

八海醸造は、日本酒で培った「米と麹と発酵」の技術を活かすことで、ノンアルコールドリンクや化粧品分野に参入しました。

日本が誇るべき麹文化ですが、2023年4月にはユネスコ無形文化遺産の登録に向けて事務局に「伝統的酒造り：日本の伝統的なこうじ菌を使った酒造り技術」の提案書の提出がされています。この「伝統的酒造り」の対象は日本酒に加えて、焼酎、泡盛も含まれています。早ければ2024年11月にも登録が決定される見込みです。

「和食」が2013年にユネスコ無形文化遺産に登録されたことで、世界中に和食ブームが訪れたように、日本酒、焼酎、泡盛ブーム、さらに麹ブームがやってくるかもしれません。日本酒が世界でSAKEと呼ばれるように、麹が「KOJI」として世界共通語となる日も近いかもしれません。

ALL ABOUT THE SAKE BUSINESS

5 日本のウイスキーはなぜ世界で人気なのか

現在、日本全国でウイスキー蒸留所が続々と開業しています。

日本初のウイスキー蒸留所は、1923年に大阪府で建設を開始されたサントリーの「山崎蒸溜所」です。2012年頃までは日本国内の製造所は9か所でしたが、2024年4月時点では100か所を超え、多くのウイスキー蒸留所が建設されています。

もともとウイスキーは、国内においては高度経済成長期に販売量が増加したものの、1983年を境に需要が落ち込み、2007年にはピーク時の5分の1になりました。

その後、2008年頃から始まったハイボールブームや、2014年に日本のウイスキーの父でニッカウヰスキーの創業者である「竹鶴政孝（たけつるまさたか）」をモデルにしたNHK朝の連続テレビ小説「マッサン」が放送されたことで、国内人気に火がつきました。「ウイスキーが、お好きでしょ。」のハイボールのCMや朝ドラを見た方もいらっしゃると思います。

さらに追い風のように、日本のウイスキーが世界の品評会で高い評価を受けることが増えてきています。特に世界に大きなインパクトを与えたのは、2001年にイギリスのウイスキー専門誌「ウイスキーマガジン」が開催した品評会「ベスト・オブ・ザ・ベスト(現・ワールド・ウイスキー・アワード)」において、ニッカウイスキーの「シングルカスク余市10年」が総合1位を、サントリーの「響21年」が2位を獲得し、日本のウイスキーが「世界一美味しい」と認められたことです。

そして、歴史の深いスコッチ、アイリッシュ、アメリカン、カナディアンと並び、ジャパニーズは「世界5大ウイスキー」に数えられるようになり、名実ともに日本のウイスキーは世界に誇るブランドになったのです。

輸出金額で見ると、2020年には日本酒を超えてウイスキーが日本産酒類のトップとなり、以降酒類輸出の主力商品となっています。根底にあるメイドインジャパンへの信頼感や世界的な和食ブームも相まって、海外でも人気が沸騰しました。

こうした背景の中で、国内では全くの異業種からの参入や、焼酎メーカーが既存の蒸留設備を活用したチャレンジ、日本酒蔵が醸造技術を応用して参入するケースが増えました。

特に竹鶴政孝氏がニッカウヰスキーを立ち上げた北海道は、気候や自然環境が、ウイスキー造りの本場・スコットランドとよく似ており、美味しいウイスキーを造る条件である冷涼で湿潤な気候と、一定の寒暖差を兼ね備えています。

例えば厚岸（あっけし）蒸溜所は、２０１６年に食材の輸出入を手がける堅展実業が設立したウイスキー蒸溜所で、ウイスキーブームにより輸出用の原酒が手に入らなくなってしまったので、「手に入らないなら自社で製造しよう」と製造を始めました。その結果、「ワールド・ウイスキー・アワード２０２４」では4商品が受賞し注目されています。

また、イチローズモルトで知られるベンチャーウイスキー（埼玉県秩父市）も、北海道苫小牧市に新規で蒸留所を建設し、２０２５年春から製造が開始されます。

国際的なスノーリゾートであるニセコ町では、八海醸造のグループ会社が手がける形で、２０２１年から「ニセコ蒸溜所」の操業が始まっています。ウイスキーと呼ばれるまでには3年以上の熟成が必要なので、今後リリースされる予定です。また、蒸留所の設備を活かしてジンの製造も行っており、「ohoro GIN（スタンダード）」を製造しています。

なお、国際コンペティション「World Gin Awards 2024」において、クラシックジン部門の世界最高賞「World's Best」を受賞。これは製造を開始してたった2年での快挙です。今後完成するウイスキーも世界を驚かせるのではないかと密かに期待しています。

ALL ABOUT THE SAKE BUSINESS

6

地域活性のカギを握る酒蔵

日本酒は単なる飲み物にとどまらず、日本文化の象徴です。そして、そのお酒づくりを行う場所である酒蔵は、地域経済において重要な役割を果たしており、今後は地域活性化に向けてその重要度が高まっていくと考えられます。

酒蔵は地域経済と密接な関係があります。なぜなら、農家から酒米を仕入れることで、農業を支えることにつながるからです。特に酒米は、一般の食用米と比べて高価格で取引をされているので、農業の活性化に寄与することができます。

そして、酒蔵自体は地域の観光資源となり得ます。酒づくりを身近で学び、試飲を楽しむことで、日本酒の魅力を肌で感じられます。酒蔵によっては江戸時代や明治時代から続く建造物もあるので、観光名所になる可能性もあります。地域への観光客誘致が進めば、地元の宿泊施設や飲食店への経済効果も期待できるでしょう。

八海醸造の地元である南魚沼市には、同社が整備した「魚沼の里」があります。のどかな田園風景が広がる場所には、清酒八海山の醸造所を中心に、ビールバーを併設した地ビール醸造所などがあります。1000トンの雪を要する雪中貯蔵庫を備えた雪室もあり、豪雪地帯の雪国であることも思い起こさせられます。社員食堂は開放されていて、昼は一般の人も食事ができ、まさに「同じ釜の飯を食う」ことができます。

魚沼の里の成り立ちは非常に興味深いです。いつからか八海山の名が知られるようになり、蔵を訪ねてくる人が増えたものの、蔵は一般公開をしておらず、また周辺に気軽に立ち寄れる飲食店などもなかったため、少しでも地域を感じられるように、蕎麦屋や甘味処を整備しました。その後も、清酒八海山が生まれた背景を五感で感じていただきたいとの想いで、「郷愁と安らぎ」をテーマに整備をし続けました。

結果的に、今では10件以上の設備・施設がありますが、自然発生的な集落であるところが大きな特徴です。完成されたテーマパークではなく、酒づくりの場と地元ならではの産品、そして、ほっとするような心地の良い風景が混じり合う郷愁を感じさせる空間だからこそ、魚沼の里は「また行きたい」と思わせる魅力があるのだと感じました。

魚沼の里は年間少なくとも30万人以上が訪れています。実際に「出店をしたい」という人も増えてきており、マスコミにも取り上げられるので、魚沼の地域を知ってもらうことができます。訪問する人も増えるため、地域が誇りを持ち、応援してもらえるそうです。

八海醸造の取り組みはあくまで一例ではあるものの、こうして酒蔵や周辺地域の雇用機会が増えれば、地域の人口減少対策にもつながり、過密化する首都圏一極集中に対して地方への移住政策なども容易になります。さらに、高い能力を持つ人たちを地域に集めやすいという相乗効果も生まれるかもしれません。

地域活性のカギを握るのは酒蔵なのです。

日本酒イベント「にいがた酒の陣」の魅力

お酒を楽しむ上での醍醐味の1つは「飲み比べ」です。並べたお酒を飲み比べてみて「全然違う」という感動は、何ものにも代えがたいです。そして、その飲み比べを存分に楽しむことができるのが「日本酒イベント」です。

近年では、ほぼ毎週のように全国各地でお酒に関するイベントが開かれ、活況を呈しています。そして、数多ある酒イベントの中でもとりわけ高い人気を誇るのが「にいがた酒の陣」です。

にいがた酒の陣は、ドイツのミュンヘンで開催されているビールの祭典「オクトーバーフェスト」をモデルとしたイベントで、2004年に第1回の開催以降、回を重ねるごとに参加者が増え続け、新型コロナウイルス前の2019年は2日間で14万人越えを記録しました。

ディズニーランドの1日の平均来場者数が7万人と考えると、信じられないほどの日本酒ファンが新潟に押し寄せたことになります。それほど魅力あふれるイベントです。

2022年10月に開催した際は、コロナ禍の影響で「にいがた酒の陣NEXT」という形で集客数を3000名と大幅に縮小して開催しました。そして、2024年3月には1・6万人で開催され、前売りチケットは2日で完売するほど根強いファンがたくさんいます。私も日本酒にどっぷり魅了されたきっかけの1つには、にいがた酒の陣の存在がありました。

にいがた酒の陣の魅力の1つは、圧倒的な酒蔵の参加数です。

日本で一番酒蔵の数が多いのは新潟県で、にいがた酒の陣には約80の酒蔵が出展。毎年500以上の銘柄が出品されます。イベント自体は飲み放題形式なので、仮に1杯10mlずつ飲んだとしても、500種類すべて飲むには5リットルと、とても1日では飲み切れません。

また、にいがた酒の陣は、冬のお酒づくりが落ち着いた3月に行われるので、新酒の出来栄えを蔵人（くらびと）に聞きながら飲めるという楽しみもあります。甲殻類専用の日本酒（エビやカニに合うように、濃厚な味わいに仕上げたもの）、バーボン樽で寝かせた日本酒、キウイ由来の酵母で仕込んだ純米酒など、各酒蔵がチャレンジした個性豊かな様々なお酒が飲めるのも、にいがた酒の陣ならではと言えます。

　もちろん気に入ったお酒は、その場で購入もできます。試飲には目もくれず一通りの限定酒の買い物を終え、仲間たちとテーブルで戦利品を分かち合う玄人もいます。

　にいがた酒の陣は、限定グッズも非常に人気です。県内約90の酒蔵のロゴを並べたTシャツや前掛けは、毎年長蛇の列ができます。

　また、酒器コーナーでは金属加工で有名な「燕三条」の職人が制作した錫や銅などの酒器が並びます。特に、鏡のように磨きこまれたステンレスの酒器は思わず息を呑んでしまうほどの美しさで、一見の価値ありです。


　ほかにも、にいがた酒の陣では毎年デザインの異なるおちょこが配布され、コレクションされている方も多いです。そして、ついつい飲みすぎて、おちょこを落として割ってしまう人もちらほら見られます。そこで、落下防止のためのおちょこストラップもグッズとして出てきています。

　なかには、マイストラップを持っている方やおちょことおつまみを置ける自作の首掛けトレイを持っている方など、思い思いの酒の陣ファッションを見かけるのも楽しみ方の1つです。

にいがた酒の陣はあっという間に完売してしまうプレミアチケットではありますが、酒のメッカとも言える熱量を肌で体感すれば、これまで以上に日本酒の魅力に気づけるはずです。

第2章

口噛み酒に学ぶ歴史の世界

Chapter 2

The history of sake

1 ハチミツ酒を飲んだ西洋人、ワインを飲んだ縄文人

日本酒の歴史をお伝えする前に、世界のお酒の起源を辿っていきます。

突然ですが、人類最古のお酒は何か、想像がつくでしょうか。パッと思いつくのはビールやワインですが、答えは「ハチミツ酒」です。

ハチミツ酒の誕生は約1万4000年前と言われ、「ミード」や「ハニーワイン」とも呼ばれています。ちなみにワインの起源は約8000年前、ビールは約7000年前なので、ハチミツ酒がいかに古くから飲まれていたかがわかります。

ハチミツ酒の起源は「ハネムーン」と言われています。古代から中世のヨーロッパ人は、結婚後の1か月間、ハチミツ酒を飲む習慣がありました。蜂蜜には強壮作用があるので、蜂が子どもをたくさん産むことにあやかる目的もありました。

また、結婚後の1か月間を「ハニームーン(＝ハチミツの月)」と呼びますが、それが転じて、現代では新婚夫婦の旅行のことを「ハネムーン」と呼ぶようになりました。

世界最古のお酒はハチミツ酒と説明しましたが、日本最古のお酒は何かご存じでしょうか。お米から出来た日本酒かと思いきや、実はヤマブドウから造ったワインが日本最古のお酒と言われています。

時代は５５００年前の縄文時代、青森県三内丸山遺跡の地層から酒づくりの形跡が見つかっています。

驚くべきは、単に原料のヤマブドウを発酵させるだけではなく、布や土器を使ってしっかりと「搾っていた」という点です。日本人が縄文時代から、美味しいお酒を求めて情熱的に酒づくりをしていた様子が目に浮かんできます。


お酒と日本人との関わりを示す最古の書物は、中国の『魏志倭人伝』です。西暦２００年後半の弥生時代に編纂され、邪馬台国や卑弥呼について書かれていることでも知られています。

こちらの書物は、日本人の習慣や地理などについて紹介され、日本人と酒に関しては２か所で言及されています。

１つは、「父子男女の区別なく、人性、酒を嗜む（訳：皆分け隔てなく生来、酒好きである）」と男女年齢にかかわらず、日本人は酒好きの民族として紹介されています。

もう1つは「他人の喪に服しては歌舞飲酒す（訳：葬式では歌い舞い、酒を飲む）」として、人が亡くなった際には賑やかに酒を飲んでいたそうです。

現代のお葬式でも、故人を偲びながら家族や知人とお酒を酌み交わす場面を見かけたことがあるかと思います。約1800年前の遠い昔の記録ですが、現代の我々にも通ずるところがあるのが面白いところです。

このときのお酒が、米からできた酒なのか、ワインだったのかは判明していませんが、日本人にとってお酒がいかに身近なものであったのかが見て取れます。

ALL ABOUT THE SAKE BUSINESS

2 歴史書から紐解くお酒の雑学

日本人とお酒の関わりを記した最古の文献は、中国の『魏志倭人伝』とご紹介しましたが、国内最古の文献は現存するもっとも古い歴史書である『古事記』とされています。『古事記』は世界の始まりから神々の出現、そして天皇への皇位継承について書かれた物語ですが、この中にはお酒にまつわるエピソードがいくつか出てきます。

①「シン・ゴジラ」のヤシオリ作戦の元ネタは、ヤマタノオロチの酒

『古事記』に登場するもっとも知名度の高いお酒は、「八塩折（やしおり）の酒」です。ヤマタノオロチを退治するために、スサノオノミコトが飲ませて酔いつぶれさせた酒と聞けば、ピンと来る方もいるかもしれません。

映画「シン・ゴジラ」でのゴジラとの最終決戦の際の作戦名「ヤシオリ作戦」は、古事記の「八塩折の酒」から由来しています。

ちなみに、この「八塩折」とは「八回、酒を原料に搾った」という意味であり、大変濃厚な酒です。このエピソードは、舞台となった出雲国（現在の島根県）がヤマタノオロチを酔わせるほど、大量に濃い酒を造れる国力があったことを意味しています。

なお、このお酒もお米を使ったものかどうかは明らかになっていません。

②母乳がなければ、甘酒で子育てをする

同じく日本神話を記した『日本書紀』には、甘酒についての記述があります。太陽神アマテラスオオカミの孫ニニギノミコトと結婚したコノハナサクヤヒメは、子宝に恵まれ3つ子の兄弟を出産しました。しかし、とても母乳だけでは3人の子どもを育てることはできませんでした。

そこで、母乳に代わり、甘酒で子育てをしたという言い伝えがあります。この甘酒は、日本酒の原型とも言われるので、コノハナサクヤヒメを祀っている宮城県・都萬（つま）神社では「日本酒発祥の地」という碑（いしぶみ）が立てられています。

③「君の名は。」で有名になった口噛み酒

日本酒の起源がわかる記述として、もっとも古い書物は奈良時代の『大隅国風土記（７１３年頃）』です。アニメ映画「君の名は。」で知られるようになった「口噛みノ酒」について書かれています。

同書では、村の男女が生米を噛んでは容器に吐き出し、お酒を造ったと記されています。そのため、「醸（かも）す」は「噛むす」に由来するという説があります。

一方『播磨国風土記（７１３年頃）』では、麹菌（カビ）を利用して酒を造らせたという記述があり、これは今の酒づくりの原型と言えます。そのため、先ほど述べた「醸す」の由来が「カビす」からきているという説もあります。

④奈良時代の酒づくりは国家プロジェクトだった

奈良時代に入ると、法律によって国を統治する律令制がスタートしました。

その中で、お酒づくりは神に捧げるための重要な仕事であり、重要な資金源でもありました。そこで、宮内省の直下にお酒づくりの部署である造酒司（みきのつかさ）を置いて、品質の安定を目指しました。この点からも、国家プロジェクトで酒づくりを行っていたことがわかります。それほど、お酒が日本人や日本国にとって重用されていたことがうかがえます。

醍醐天皇の命で９２７年に完成した『延喜式』を紐解くと、造酒司で造られたお酒の詳細を知ることができます。『延喜式』には、天皇専用のお酒や料理用のお酒、冷蔵貯蔵室である「氷室」から取り出した氷で入れたオンザロックのお酒など、米の量から配合する水の量まで15種類のレシピが記されています。仕込みの配合から今以上に辛口のお酒や甘口のお酒など、多種多様な味わいに満ちていたことがわかります。

このように、古代から奈良時代にかけては、お酒づくりに国が強く関わっていたのです。

⑤現存する最古の蔵は平安時代に生まれた

日本全国に約１４００軒あると言われる日本酒蔵ですが、現存するもっとも古い酒蔵は平安時代に生まれました。

１１８５年、日本初の武士政権の鎌倉時代の幕開けとなりますが、それよりも少し前の１１４２年には茨城県・笠間市の須藤本家が酒づくりを始めた記録が残っており、現在は55代目が酒蔵を継いでいます。代表銘柄は「郷乃誉（さとのほまれ）」です。

3

お寺はバイオテクノロジーの最先端研究所だった

鎌倉時代の一大トピックと言えば、日本初の武家政権が誕生したこと、つまり、これまで貴族が行っていた政治を武士が行うようになったことでした。

これに伴い、宗教や酒づくりも民間人に広まっていきました。仏教はそれまで貴族のたしなみでしたが、民間人のための仏教が誕生しました。例えば、「南無阿弥陀仏」と唱える浄土宗・浄土真宗などが有名です。

同じく、酒づくりもこれまでは国や寺が主役でしたが、民間でも酒づくりが広まっていきました。その当時のトピックスをいくつかご紹介します。

○古酒が大好きだった日蓮上人

「南妙法蓮華経」でおなじみの日蓮宗の日蓮上人。彼の信徒からもらった酒に対するお礼の手紙が残っています。

「人の血を絞れるが如くなる古酒を仏、法華経にまいらせ給える女人の成仏得道疑うべしや（人の血を絞ったような古酒を仏・法華経にお供えされた女性が成仏得道することは疑いようがない）」と綴っており、非常に喜んだ様子でした。ここで注目すべきは「古酒」という記述です。この時代には古酒が飲まれていたことがわかり、その古酒が「人の血」のような色だったことまでリアルに伝わってきます。

◯日本初の禁酒令と酒税

民間に酒が広まっていく中で、風紀が乱れていきました。そこで鎌倉幕府は1252年に、日本初の禁酒令である「沽酒禁令」を発令します。ちなみに「沽酒」とは、酒の売買のことを意味しています。

これは、酒の売買を禁止するとともに、家1軒につき貯蔵用の甕は1つに制限し、残りは壊されてしまいました。鎌倉市内だけでも、3万7000個もの甕が破壊されたという記録が残っています。しかし、鎌倉幕府は2度の元寇により、財政が逼迫。そこで、日本初の酒税を課すことにしました。

これにより、「禁酒令」は有名無実なものとなっていきました。

◯日本酒づくりの原型が確立した室町時代

仏教の力は、奈良から室町時代にかけて徐々に高まっていきました。権力が国から寺に移っていくにつれ、酒づくりの舞台も国から寺に移動していき、寺での酒づくりがはじまりました。「寺での酒づくり」と聞くと不思議な気がしますが、実は寺は当時のバイオテクノロジーの最先端機関でした。その理由は5つ挙げられます。

①経済力：貴族から集まる潤沢な寄付があった
②労働力：体力を持て余している修行僧が大量にいた
③情報力：海外留学をしていた渡来僧が最先端の知識をもたらした
④環境：俗世に惑わされずに研究できた
⑤政治：本来、寺では酒は造れないが治外法権の特権を持っていた

以上の理由を踏まえると、寺での酒づくりは必然とも言えます。寺院で造ったお酒は評判が良く、総称して「僧房酒（そうぼうしゅ）」と呼ばれました。その中でも菩提山正暦寺（ぼだいさんしょうりゃくじ）（奈良県奈良市）の「菩提泉（ぼだいせん）」は知名度が高く人気のお酒でした。

日本初の民間の醸造技術書『御酒之日記』には、段仕込み、火入れ、乳酸菌発酵など、現在の日本酒づくりの原型とも言える造り方が記されており、特に加熱殺菌はヨーロッパの細菌学の父と言われるパスツールの発見よりも300年近く前に日本で採用され、当時の酒造技術の高さがうかがえます。

現在のビールやワイン、牛乳にも採用されている低温殺菌法「パスチャライゼーション」は、パスツールの名前に由来します。

『御酒之日記』には「菩提泉」のレシピが書かれています。当時、原料の米は玄米と白米の2種類を使うのが一般的でしたが、正暦寺では全量白米で酒づくりを行いました。全部を白米で造るので「諸白」と言います。諸白の味への影響は大きく、画期的な発明だったそうです。

さらに、生米を使う独特の製法で力強く芳醇なお酒を醸しました。この製法を「菩提酛」もしくは「水酛」と言います。

この製法は、歴史の流れで一時途絶えるものの、近年注目され、実際に取り入れる酒蔵が増えています。時代を先取りした斬新な製法は、室町時代に生まれていたというのが驚きです。

4

現代の酒づくりの基礎を確立した江戸時代

○「寺の酒」を終わらせた織田信長、花見を始めた豊臣秀吉

平安時代以降、「美味しいお酒」の代名詞は「寺の酒」でした。取引される値段も高く、極上の酒とされてきました。

しかし、この戦国時代に転機が訪れます。その引き金を引いたのが、織田信長です。当時の寺は財力もあり、僧兵という強大な武力を持っていました。つまり、武士と寺は権力争いをする敵対的な関係にあったのです。

織田信長は比叡山延暦寺の焼き討ちに代表されるように、寺の力を弱体化させ、財源であった酒づくりもできないようにしていきました。こうして栄華を極めた「寺の酒」の文化は、衰退の一途を辿ることになりました。

寺の力が失われる中で例外として生き残ったのが、大阪の天野山金剛寺（あまのさんこんごうじ）の「天野酒（あまのさけ）」でした。非常に評判のいいお酒で、特に豊臣秀吉から愛されていました。

豊臣秀吉の人生最後の豪遊と言われるのが、１３００名の人を集めた「醍醐の花見」でした。この日のために各地から集めた７００本もの桜を醍醐寺に植林し、建物や庭園を作りました。

「桜の木の下で酒を飲み交わす」という現代の花見スタイルの元祖のようなイベントです。そして、この花見でオフィシャルの酒として振る舞われたのが「天野酒」でした。

江戸時代は武士への給料が「米」で支払われたように、お酒づくりだけでなく通貨としても米が使われていた時代です。その中で、米価の調節機能を維持するために、酒造業は不可欠として、城下町を中心に宿場町や門前町など、町方酒造業は完全に酒造を禁止されませんでした。

米は生ものなので、豊作になれば価格が下がり、凶作になれば価格が高騰するので、物価にも影響します。そのため、江戸幕府は米の価格をいかにコントロールするか、その需給調整が課題となっていました。

大量の米を消費する酒造業は、幕府が重要視する産業となりました。米が余れば酒づくりは奨励されますが、凶作や飢饉では米が不足し、価格が高騰すれば米の供給を増やすために、酒造制限を実施しなければなりませんでした。

江戸幕府は「酒株制度」によって酒づくりを免許制にすることで、酒の製造量をコントロールしました。さらに、当時の酒は1年に5回、つまり、1年を通してほぼつくり続けていたのですが、「寒造り令」によって、秋以前の製造を禁止しました。

寒い方が品質面では酒づくりに有利なので、冬に集中的に大量生産を行うようになりました。さらに、麹を製造する部門、米を蒸す部門などと分業をして、組織的に酒づくりを行う杜氏制度も成立しました。これまで手工業だったお酒づくりの工業化であり、まさに酒の産業革命と言えます。

さらに、安定した酒づくりのために腐敗の防止を目的として、加熱殺菌の「火入れ」、アルコール添加による「柱焼酎」などの技法もこの頃に一般化しました。この「柱焼酎」は、私が愛してやまない現代の本醸造にもつながる技術です。

このように江戸時代は、現代に通じる酒づくりの技術が確立した頃でもありました。

◯規制緩和により、酒づくりの舞台は「灘地区」へ

江戸時代においてお酒は、上方（関西）で大量生産を行い、最大の消費地である江戸（関東）に大量に輸送するというモデルが確立され、上方で造られたお酒は品質が良く、

「下り酒」と呼ばれていました。

その一方で、江戸で消費されない、取るに足らない粗悪品は「下らないもの」と呼ばれ、これが「くだらない」の語源でもありました。

上方の銘醸地は伊丹や池田でしたが、大量生産・大量輸送を前提とすると、物流上有利な兵庫県神戸市から西宮市に位置する「灘地区」が日本最大の銘醸地として躍り出ました。

1821年には、下り酒全122万樽のうち、灘酒が72万樽とシェアが約60％を占めるようになりました。現代も国内生産量の約24パーセントは灘のお酒であり、「白鶴」「大関」「菊正宗」など、一度は耳にしたことのある大手酒造が集中する、日本最大の日本酒工業地帯です。

◯江戸の物流革命

江戸時代にはお酒の流通も大きく変化しました。

それまでの輸送容器の主流だった重く壊れやすい甕から、統一規格の木製樽に輸送容器が変わったことで、長距離輸送がしやすくなりました。

江戸初期は「菱垣廻船」と呼ばれる、お酒と共に貨物と混載した便での輸送でしたが、やがて酒専門の輸送船が登場します。大阪と江戸をつなぐ太平洋沖の航路により、輸送における平均時間は1カ月ほどから約2週間程度にまで短縮されました。

なお、現代でもお祝いやイベントなどの鏡開きで用いられている菰樽（こもだる）は、下り酒の輸送中に樽の破損を防ぐクッションとして巻かれるようになったものが始まりです。

江戸に到着したお酒は、問屋などを経由し、各地の酒屋に運び込まれました。当時の酒屋の一般的な販売スタイルは「量り売り」でした。まず酒屋が樽からくみ出した酒を容器に詰めて売り、中身を飲み終えた客は空の容器を持って来店し、お金を払って商品を注いでもらうというシステムです。

さらに、問屋や中買い、小売の各所で加水（水を足すこと）され、最終的に居酒屋でも加水されて町の人々の口に入る頃には、5％ほどのアルコール濃度になっていたとされます。まるで現代のビールのようなアルコール度数です。

とある文献には、江戸時代の大酒大会で日本酒を「7升（＝12・6リットル）を飲んだ」と記録が残っています。現代の日本酒のアルコール度数なら、不可能に近いですが、ビール程度のアルコール度数であれば（それでもすごい記録ですが）あり得えそうな話です。

おそらく、輸送コストを考えてカルピスの原液のような濃いものを灘で造り、江戸で薄めてカルピスウォーターにするというモデルとすると、灘の丹波（たんば）杜氏が濃い酒を造る技術に長けていたのではないかと推察できます。

5

働き方改革と、消えた古酒文化

江戸幕府が終わり、新たに明治政府の時代が始まりました。日本が欧米諸国に追いつき、国を豊かにして強い軍隊づくりを目指し、「富国強兵」をスローガンとして様々な制度改革が行われました。

また、国を強くするには財源を確保する必要もあるので、税制改革が行われました。その中でも酒税は大きな財源として注目されました。

江戸時代は幕府から「酒株」という免許を購入しなければ酒づくりができませんでしたが、明治政府は一定の技術と資本があれば誰でもチャレンジできるようにしました。

特に1874年は一大創業ブームで、現存する酒蔵の中でもこの時期に酒づくりを始めた蔵はたくさんありました。当時は最大で、全国に3万の酒蔵が存在したそうです。

明治時代には、酒税を効率良く、漏れなく徴収するために、販売したお酒ではなく造ったお酒に課税をする仕組みが導入されました。これを「造石税（ぞうこくぜい）」と言います。

この仕組みにより、造った瞬間から税が発生してしまうので、貯蔵して腐ってしまっても税金を払わなければならなくなりました。その結果、長期熟成させて腐らせるリスクのある古酒文化は一度途絶えてしまいました。

近年では古酒も楽しまれていますが、それは今から40〜50年前に復刻したからであり、明治時代に一度失われた文化なのです。

さらに、よりスムーズかつ確実に税金を徴収する施策として、自家醸造による酒づくりと消費が完全に禁止されています。この当時、自家醸造免許を持つ農家は１００万軒以上あったそうですが、この政策により自家醸造は「密造」扱いとされ、一切許されなくなったのです。

これらの取り組みにより、１８８１年頃は国の収入における酒税の割合が17％だったのが、１８９９年には約35％にまで跳ね上がります。地租を抜いて、国税収入のトップに立ったのです。ちなみに２０２４年度は、酒税が国税収入に占める割合は約２％とわずかです。

酒税が国家収入の要であった明治時代は、より安定した税収を確保するために、明治政府は１９０４年に大蔵省（現在の財務省）の管轄下に国立醸造試験所を設立しました。その背景には、国家直営での研究機関を構えることで、安定した品質の酒類の製造を目指す目的がありました。

また、明治時代に欧米で発見された細菌の知見を活用することで、日本の酒づくりは急速に発展します。具体的には、酵母と乳酸菌を単独で分離できたことで、生酛造りで行われる米を擦り潰しながら酵母と乳酸菌を取り込む「山卸」という作業が必要なくなり、新たに山卸を廃止した「山廃」という製造方法が確立しました。これにより、多くの蔵人は時間と労力のかかる山卸から解放されました。

さらなる技術革新として、乳酸を直接加える手法も開発されます。これにより、45日かかっていた製造期間が15日に短縮されることになりました。速く醸造ができることから「速醸酛」と呼ばれています。

この方法は、労働生産性に優れていることから、現在の日本酒蔵の90％がこの速醸酛を採用し、「明治時代の働き方改革」であったと言えるでしょう。

また、日本醸造協会が管理する酵母である「きょうかい酵母」がスタートしたのもこの時期でした。「美味しいお酒は、いい酵母から造られる」という信念のもと、多くの酒造場の中から「櫻正宗（さくらまさむね）（兵庫県）」の酵母が選ばれ、きょうかい１号と名づけられました。

その後、１９１２年に月桂冠（げっけいかん）（京都府）からきょうかい２号酵母、１９１４年に酔心（すいしん）（広島県）からきょうかい３号酵母、１９２５年に加茂鶴（かもつる）（広島県）からきょうかい５号酵母が分離されました。

なお、きょうかい４号酵母は広島で分離されたという情報以外は、戦争により資料が焼失し、詳細不明です。酵母は優秀な銘柄から分離されるので、兵庫と京都に並び、広島がいかに銘醸地であったかがうかがえます。

そして、戦前の酵母の中で現代でも有名なのが、１９３５年に分離された「新政（あらまさ）（秋田県）」の６号酵母です。あまりにも優秀で安定したお酒が造れる酵母なので、戦費調達のために全国の酒蔵に対して、６号酵母を使用するように政府が指導を行うほどでした。

また、１９１１年には、国立醸造試験場が第１回全国新酒鑑評会を開催しました。新酒の品質を全国的に調査し、酒質の現状および動向を明らかにし、品質の向上を図るのが目的です。

ちなみにこの時に初めて使われたのが、白い陶器の底に青い二重丸が描かれた蛇の目のおちょこです。白い部分で日本酒の色合いや濃淡を、青い部分で透明度や輝きをチェックします。現代の日本酒を代表する酒器は、実は審査のために使われたのが最初でした。

6
なぜ日本酒のアルコール度数は「15度」が多いのか

○米騒動から生まれた日本酒錬金術

大正時代に入ると、第一次世界大戦の勝利による好景気に沸きます。日本人は裕福になり、一般の市民も白米を食べるようになりました。また、若者の東京進出に伴い、地方の労働力は衰退していきます。

こうした状況により、米の価格は3倍以上に跳ね上がります。現代で言えば、5kgで2000〜3000円のお米が1万円近くになるようなイメージです。

特に、当時は米中心の生活なので、それに反発する形で各地から暴動が多発する「米騒動」が発生します。米の入手が困難になったことで、お酒づくり用の米も不足してしまいました。

そんな時世の中で、日本人は少ない米で酒づくりができるよう研究を開始しました。

これはアルコールに糖類、アミノ酸などを加えて、清酒のような風味にした「合成清酒」と呼ばれるお酒で、言い換えるなら「日本酒風アルコール飲料」です。ある意味、日本酒の錬金術のようなもので、日本人のお酒好きは健在で、たくましさすら感じます。

○昭和前半の技術開発ラッシュ

昭和の前半は技術開発が大きく進んだ時代でした。

例えば米を削る割合は、従来では1割程度でしたが、１９３０年頃に完成した縦型精米機（サタケ製）によって、３割程度まで削れるようになりました。精米歩合で表現すると、90％から70％まで削れるようになったことを意味しています。

精米による日本酒の味わいの変化は絶大で、雑味のある味わいからすっきりとした味わいになり、日本酒の酒質が大きく変化しました。

また、１９３５年には酒米の品種改良が進み、酒米の王様として80年以上君臨し続ける「山田錦」が誕生しました。第二次世界大戦が始まる直前まで、日本酒は次々に大きな進歩を遂げた明るい時代だったのです。

◯戦争の始まりと、酒不足と闘う日本人

1937年に日中戦争が始まると、食糧として米を確保するために、政府は酒づくりの量を抑える「酒造半減令」を発布します。これにより国内で酒が大いに不足します。

そして、酒を水で割って薄めて販売するという問題が起こってしまいます。その薄さは金魚が泳げるほどだったと言われ、「金魚酒」と揶揄(やゆ)されたほどです。

そこで、日本政府は税収の確保と品質維持を目的として、アルコール度数とエキス分の量によってクラス分けをする「級別制度」を実施します。

この法律は平成に入るまで続くほど影響力が大きく、現在のアルコール度数が15度〜16度のお酒が多いのはその当時の名残と言われています。

同じ時期の満州国に目を向けると、日本人入植者の多くが若年層であったこと、寒冷地で体を温めるためにお酒を必要としたことから、国内と比較して1人当たりの日本酒の消費量が2倍と言われていました。

しかし、日本国内からの輸送に加え、満洲国内でも日本酒づくりを行っていましたが、現地の水や米、製造設備などに問題があったので、満洲独自の酒づくりの技法としてアルコールを添加する酒づくりの研究が進みました。

そのような中、太平洋戦争が始まったことで、日本国内でも米不足になり、逆に満洲で開発されたアルコール添加の技術や合成清酒の技術が活かされ、「三倍醸造酒」が誕生しました。

これは、日本酒の製造過程で日本酒と同じ濃度に希釈したアルコールと糖類（ブドウ糖・水あめ）、乳酸などの酸味料などを添加して味を調えたお酒で、通常の日本酒と比べると3倍の量が造れるので「三倍醸造酒」もしくは「三増酒（さんぞうしゅ）」と呼ばれました。

この時に確立した技術は、第二次世界大戦後の物資不足の際にも大いに活かされることになります。

ALL ABOUT THE SAKE BUSINESS

7 日本酒文化をつないだ三倍醸造酒

続いて、戦後の日本酒をめぐる状況はどうだったのでしょうか。

少々暗い話もありますが、「お酒好きの日本人」が敗戦の絶望的な逆境下をどのように乗り越えていったのか、という観点で読むと、日本人のお酒とものづくりに対する根源的な魂が垣間見えてくると思います。

戦争によって、空襲などで焼かれた酒蔵だけでも223場、全製造量の17％の酒が失われました。杜氏(とうじ)や蔵人の戦死者も多く、醸造業全体も壊滅的な打撃を受けました。

さらに、食糧難により米が不足する一方、本土に復帰した兵員などによって飲酒人口が増加し、酒類への需要が高まりました。

こうして需給バランスが崩壊し、供給が追いつかなくなってしまった結果、メチル、カストリ、バクダンと呼ばれる密造酒が闇市で横行してしまいました。闇市で売買されたので、「闇酒」と呼ばれていました。

例えば、メチルは石油燃料を代替するために製造されたエチルアルコールを水で薄めたものに、メチルアルコールを混ぜたものです。メチルを飲むと失明や死に至るリスクもあり、新聞では「目散る・命散る（＝めちる）」と呼ばれていました。しかし、食糧難・物資不足の中では、一般庶民だけではなく教養の高い知識階層も酒を飲みたいという衝動が抑えられず、危険を承知で手を出す人が絶えなかったそうです。

闇酒は健康を損ねるだけではなく、治安も悪化させるので、政府としてはなんとか廃止しようとします。しかし、酒づくりのための米も配給制だったので、思うように酒を造ることができない状況です。そこで、米の使用量を抑えた日本酒が検討されました。

政府が決断したのは、先ほどご紹介した純米酒に対して3倍の量の酒が生産できる「三倍醸造酒（三増酒）」の導入・販売です。遠く離れた満洲で開発された技術が応用されたのです。

三倍醸造酒の取り組みには、全国で１５０の酒蔵が参加します。そこでの試行錯誤の末、完成した安全で安価なお酒が出回ることで、闇酒問題は一掃されました。

その後も高度経済成長に向けて日本酒の消費は伸び続け、一時的な救済を目的としていた三倍醸造酒は日本酒の主流となりました。お酒づくりに使う米も含めて、配給制により原料の供給が絞られる中でも、「造れば造るほど売れる」という需要を背景に、三倍醸造酒は造られ続けました。一方で、糖類や調味料を添加した日本酒は「ベタベタする」「頭が痛くなる」といった評判もじわじわと広まっていきました。

1950年代後半は洋酒、ウイスキー、ワインなど西洋の飲み物への憧れや、国産ビールの製造が本格化したことも相まって、日本酒離れが徐々に進んでいきました。そして、戦後に伸び続けた日本酒の消費量も、1973年を機に減少に反転していきます。2024年現在、日本酒の需要はピーク時の3分の1程度とも言われています。

「安い居酒屋で飲んだ日本酒がベタベタしていて美味しくなかった」という経験をされて日本酒を飲まなくなった方は多いと思いますが、実は戦前戦後の食糧難の名残に原因があると私は考えています。

この三倍醸造酒だけを切り取って、「日本酒の低迷の原因はこれだ」と槍玉に上げることもありますが、三倍醸造酒がなければ古来より続いた日本酒文化は衰退し、場合によっては絶滅していた可能性があったと思います。三倍醸造酒は劇薬ではありましたが、お酒好きの日本人が苦難に対して戦った創意工夫の結晶だと言えます。

ALL ABOUT THE SAKE BUSINESS

8

「越乃寒梅」「一ノ蔵」「出羽桜」から学ぶ地酒ブーム

◯越乃寒梅（こしのかんばい）から始まった地酒ブーム

高度経済成長の追い風を受けて、菊正宗（きくまさむね）、白鷹（はくたか）、剣菱（けんびし）、黄桜（きざくら）、月桂冠をはじめとした灘の酒が全国を席巻していきました。その結果、濃厚で飲みごたえのある本格派の日本酒のイメージが定着しました。

江戸時代の灘・伏見の酒の力は、戦後においても勢いは失われませんでした。日本を代表する大手メーカーの日本酒のことを「ナショナルブランド」と呼びます。

大きな転換点となったのは、１９７０年代に起きた地酒ブームです。ナショナルブランドが培った量産体制と流通網、均質な酒質が普及する中で、国鉄のキャンペーンである「ディスカバー・ジャパン」による影響もあり、地域に潜んでいた個性的な銘柄を発掘して飲み比べを楽しむ文化が広まっていきました。

その中でも「幻の酒」と称され、メディアでも取り上げられた「越乃寒梅」は、それまでのナショナルブランドの濃厚な味わいとは一線を画する「淡麗辛口」で大きなインパクトがあり、新潟酒に世間の注目が一気に集まりました。

この影響は大きく、新潟酒というブランドもさることながら、特に「辛口＝美味しい酒」というイメージが浸透しているのは、一連の地酒ブームが影響していると考えています。

実際に、この後に起きるバブル期にもこの新潟酒ブームは再加熱し、すっきり飲みやすい酒質が後押しをし、例えば朝日酒造の「久保田　万寿（まんじゅ）」は銀座の高級店でも飲まれるようになりました。

◯一ノ蔵（いちのくら）から学ぶ級別制度の廃止

1970年代の地酒ブームのときも、戦中に定められた「級別制度」は継続し、特級、一級、二級に区分されていました。しかし、特級・一級になるためには追加で税金を支払う必要があり、毎日の晩酌には不向きな高級酒となっていました。

そんな中、宮城県の一ノ蔵は、あえて鑑定にかけない「一ノ蔵　無鑑査本醸造」を二級酒として発売し、酒税分を節約した美味しい酒を売り出しました。「本当に鑑定されるのはお客様自身です」とラベルに明示し問題提起したのです。

また、新潟県の菊水酒造も、「無冠の帝王」と「無鑑定」をかけ合わせた「無冠帝」という少しシャレの効いた商品を発売しました。

この結果、戦前から続いた「日本酒級別制度」を大きく揺るがし、結果的に１９９２年に廃止となりました。その代わりに誕生したのが特定名称酒で、ラベルに記載されるようになります。純米吟醸、本醸造、大吟醸など、現在に通じる呼び方になったのはこの頃からです。

◯酵母と出羽桜から学ぶ吟醸酒ブーム

まるで果物のように華やかでフルーティーな吟醸酒は、日本酒ファンならずとも一度口にしたことがあるかもしれません。

この吟醸酒の立役者の１つが酵母です。１９５２年に明利酒類の副社長であった小川知可良先生が、東北地方の酒造場のもろみから「きょうかい10号酵母」の分離に成功しました。この酵母は小川酵母、もしくは明利酵母とも呼ばれています。また、１９５３年に野白金一先生が９号酵母（通称、熊本酵母、香露酵母）の分離に成功しました。

これらの酵母は、戦前・戦後の酵母とは全く異なる役割をもっています。

戦前～戦後の1～7号酵母は「安定的な醸造を目指すもの」が目的でしたが、戦後復興後に活躍した9号・10号酵母以降は、「嗜好品としての魅力を高めるもの」が主たる目的です。そして、これらの酵母を用いて各酒蔵で吟醸酒の製造が試みられるようになりました。

吟醸酒としてインパクトを与えたのは、1980年代半ばに登場した出羽桜酒造の吟醸酒です。それまでの日本酒にはなかった華やかな香りが日本酒ビギナーを魅了しました。

特に、女性の社会進出が進んでいたことも背景に、一世を風靡しました。

日本酒に対して「フルーティー」という言葉が生まれたのも、この頃からでした。

9

東京オリンピックから学ぶ日本酒の平成維新

◯蔵元杜氏と無濾過生原酒ブーム

バブル崩壊後、日本酒業界の新たな動きとして蔵元やその子息が杜氏も兼ねる「蔵元杜氏」というスタイルが生まれました。

改めて杜氏とは製造責任者のことで、会社組織で言えば工場長に相当します。蔵元杜氏は社長と工場長を兼ねているイメージで、マーケティングから酒質の設計、ブランディングまで一貫して蔵元杜氏がデザインするという新たなスタイルを生み出しました。

その中でも代表的だったのが「十四代」の高木酒造です。バブル後の90年代半ばに登場するや、たちまち日本酒業界を熱狂させ、その味わいの評判も相まって全国に蔵元杜氏が続々と誕生しました。

さらに90年末から酒販店や飲食店に冷蔵庫が導入され、クール宅配便が登場したことにより、冷蔵管理の必要な「生酒」が流通するようになりました。

その後、濾過も火入れも加水もしない、蔵で搾ったままの「無濾過生原酒」がブームになりました。酒蔵でしか飲めなかった未体験のフレッシュな味わいは全国の飲み手に衝撃を与えました。日本酒ビギナーたちにも魔法のキーワードのように「無濾過生原酒」が広まっていきます。

○東京オリンピックが変えた酒質

２０１３年、東京オリンピックの開催が決定しました。滝川クリステルさんの「お・も・て・な・し」のフレーズに象徴されるように、海外旅行者に食事を楽しんでもらえることを目指し、ペアリングを意識した日本酒が続々と登場し始めました。

ペアリングとは、料理の味を最大限に引き出す酒との組み合わせのことです。米由来の日本酒はペアリングの概念があまりなかったのですが、海外の食事の習慣に合わせるために、特に肉料理との相性を狙った日本酒が誕生しました。

キーワードは〝酸〟です。従来、日本酒にとって高い酸味は、腐ったお酒と考えられていて、あまり良くないものとされてきました。しかし、ワインにおいては積極的に酸味を活かすことでお酒と料理双方を引き立ててきました。その考えが日本酒の世界にも持ち込まれ、積極的に酸味を出した日本酒が登場し始めました。

また、２０１６年は日本酒史を語る上での大きなターニングポイントとなりました。

１つ目は、北海道での新蔵誕生です。

もともと日本酒は酒税法上、新しい蔵を創ることができないように規制されています。これは、既存の酒蔵の利益を損ねないよう配慮がなされているからです。

しかし、北海道に誕生した新設蔵「上川大雪（かみかわたいせつ）」は、三重県の酒蔵を買収し、移転という形で蔵を新設しました。ウルトラCとも呼べるこの手法は業界に衝撃を与えました。

２つ目は、日本酒ベンチャー「ＷＡＫＡＺＥ」の誕生です。

自社での酒づくりにこだわったＷＡＫＡＺＥは、三軒茶屋で「その他の醸造酒」というジャンルでの酒づくりに挑戦。「その他の醸造酒」ということを逆手に取り、ハーブなどの副原料を入れるボタニカルによる新しい酒づくりや、あえて酸味を引き立たせるために室町時代の製法である「水酛（みずもと）」を活用するなど、業界を震撼させせました。

◯日本酒から世界のＳＡＫＥへ

２０２１年には、ＷＡＫＡＺＥが切り拓いた「その他の醸造酒」のジャンルで福島県南相馬市に新たに「haccoba（ハッコウバ）」がオープンします。

「花酛（はなもと）」というビールのホップをふんだんに使用し、邪道のように見えてシンプルかつ徹底的に美味しい酒づくりにこだわったこの酒は、従来の日本酒のイメージを覆す「ＳＡＫＥ」という言葉が相応しい新ジャンルの1本です。

今、日本酒は大きな転換点です。今後、若者たちが今までにない「ＳＡＫＥ」を造っていくのだろうと確信しています。

○日本酒の未来予測

現状の「日本酒」は、酒税法のルール上に基づいた「法律の味わい」だと私は考えています。ルールの中で戦い、米、麹菌、酵母など様々な手段を駆使して味わいに変化をつけてきましたが、今後はその差別化が難しくなっていくはずです。

そのため、「その他の醸造酒」のジャンルが成熟していくことで、日本酒というジャンルを超えた新しい「ＳＡＫＥ」というジャンルが成立していくのではないでしょうか。

これらのＳＡＫＥが国内で広まり、その後海外に広がっていく。それが私の予測する日本酒、そしてＳＡＫＥの未来です。

純米酒と本醸造の違い

日本酒の長い歴史の中で生まれた発明が本醸造です。

私も「1周回って本醸造が美味しい」と周りの人に伝えるほど、本醸造が好きです。

改めて本醸造が何かというと、アルコールを添加したお酒のことです。本醸造を含め、アルコール添加を行っている日本酒を通称「アル添酒（てんしゅ）」と言います。

では、この添加しているアルコールが何かというと、端的に言えば甲類焼酎です。甲類焼酎として代表的な「大五郎」「キンミヤ」「ビッグマン」と言えばピンと来るかもしれません。

イメージとしては、緑茶に甲類焼酎を入れると緑茶ハイ、レモンと炭酸に甲類焼酎を加えたものがレモンサワーです。本醸造は純米酒に焼酎を入れた「純米酒ハイ」と考えると良いでしょう。

お酒における「添加」といえば、戦後の物資不足による苦肉の策で生み出された糖類や酸味料を添加した「ベタベタしたお酒」のように、どうしてもこのイメージが付きまとう方も多いと思います。今でも「純米酒が良いお酒」という考えを持つ方が一定数いらっしゃるのは、この名残と考えています。

しかし、現在では法律が変わり、「ベタベタしたお酒」は日本酒には分類されなくなりました。特に本醸造においては、糖類や酸味料を入れることはできず、アルコール添加の量も白米重量の10％以下に厳しく制限されます。

なお、実際のお酒1本あたりの添加量は7〜8％程度だそうです。

にもかかわらず、なぜ現代でもアル添酒が存在しているのかというと、それだけの楽しみがあるからです。そこで、私の視点から本醸造の魅力を2つ紹介します。

①職人のひと手間

お米から日本酒を造れば、シンプルに純米酒になります。それだけで日本酒として成立します。しかし、造り手がここにアルコールを添加するということは、当然意味があるからです。

上限値までは添加が許されているため、ここが「遊び」になり、造り手の個性が出る部分でもあります。アルコールを添加する恩恵は、味の面で言えばキリッと引き締まり、香りの面では華やかさが引き立ちやすくなるところです。

　例えるなら、江戸前寿司と近いかもしれません。淡白な白身魚は昆布で締める、脂の乗っている魚は炙るなど、素材の味を最大限に生かすために、ネタの１つひとつにひと手間かける。これが江戸前寿司の特徴です。これと同じでアルコール添加は、造り手のひと手間がかかっているのです。

②普段着の味わい

私が酒蔵に訪問をした際、積極的に飲むのは本醸造です。大吟醸などのランクの高いお酒は、どうしても「よそ行き」の味がするため、その蔵の味の本質を理解することは難しいです。しかし、定番酒である本醸造は「普段着」の味わいがあります。

　本醸造は、その地域で長く飲み続けられている味わいであるので、その土地や酒蔵の個性を知るにはうってつけです。そして、本醸造が美味しい酒蔵は間違いなく、すべてのラインナップが味わい深いです。

このように本醸造は、職人の技と地域や蔵の個性を感じることができるお酒です。

大吟醸や純米酒だけにとらわれず、ぜひ積極的に本醸造を楽しんでみてください。その一杯から、日本酒の多様性を感じ取れるはずです。

第3章

「獺祭」に学ぶ酒づくりの世界

Chapter 3

The world of sake brewing

ALL ABOUT THE SAKE BUSINESS

1

獺祭は何がすごいのか

「獺祭（だっさい）」。日本酒を普段飲まない方でも、この名前は聞いたことがある方は多いのではないでしょうか。

山口県の旭酒造が造る「獺祭」は、今でこそ国内外で高い知名度を誇りますが、以前から多くの人が知っているわけではありませんでした。

3代目の桜井博志会長が継いだ当時の売上高は1億円にも達しておらず、前年度比85％でした。過去10年で見ると、売上が3分の1にまで落ち込み、当時の看板商品「旭富士」は地元でも苦戦しており、いつ潰れてもおかしくないような状況でした。

しかし、そんなどん底のような逆境から一気に改革を行った結果、２０１０年に10億円を突破すると、２０１６年には１０８億円、２０２２年には１６５億円とうなぎ上りに売上が増えていきます。

さらに注目すべきは、現在の売上の43％を占める70億円は海外輸出によるという点です。２０２２年の日本酒全体の輸出額は約４７５億円なので、その15％を獺祭が占めているという計算になります。

では、この獺祭は何がすごいのか、まずは原材料から見ていきましょう。

日本酒の原材料はもちろんお米ですが、獺祭では全量「山田錦」を使っています。山田錦は「酒米の王様」と呼ばれ、米粒自体が大きく、さらに心白（しんぱく）と呼ばれる米の中心の白い部分を多く含んでいます。

心白が大きいことで、雑味の元となるたんぱく質が少なくなり、米が溶けやすい特徴を持っています。つまり、山田錦を使用したお酒は、香りが良く、すっきりしたキメ細かいお酒になります。酒づくりに携わる方なら、お米を見ただけでも思わず腕が鳴るほど、酒づくりに適した品種と言われています。

そもそも日本酒は「原料の米をどれくらい削るか」でランクが変わります。

なぜ削るかというと、外側の部分には雑味の元となるたんぱく質を多く含んでいるからです。できるだけ中心部分だけを使えば、きれいな味わいのお酒になるのです。

これを我々の業界では「精米歩合」という言葉を使い、磨いた後にどれくらい白米が残ったかを割合で表現しています。例えば、精米歩合が60％とは、「玄米を40％磨いた」という意味です。皆さんが普段食べている白米の精米歩合はおよそ玄米に対して10％磨いているので、精米歩合90％と表します。

特に、精米歩合50％以下、半分以下に削る純米大吟醸は最高ランクのお酒に分類されます。この純米大吟醸だけを造っているのが獺祭です。獺祭の代名詞とも言える「獺祭磨き二割三分」の精米歩合は23％で、発売当時は最高峰に磨いた日本酒でした。

精米歩合の数字だけ見ると、「もっと削ればいいのでは」と思ってしまいますが、それを実現するには大きな手間と時間がかかります。精米にかかる時間は、70％なら12時間、60％なら24時間、50％なら48時間。さらに23％となると１６８時間、日数にして7日間もかかります。

つまり獺祭は、酒米の王様である山田錦を、最大限手間ひまとコストをかけて磨いたお酒なのです。獺祭を製造する旭酒造は、常に限界に向けてチャレンジをし続けている企業ということがおわかりいただけるはずです。

ALL ABOUT THE SAKE BUSINESS

2 獺祭はもっとも人手をかけた日本酒

前項では獺祭の原料である米について説明をしましたが、ここからは酒づくりの基本的な工程についてお話をしていきます。

獺祭は2024年現在、200人の造り手によって酒づくりを行っています。日本酒業界では製造規模を「石高（こくだか）」と言って、〇〇石と表現します。全国の酒蔵は、概ね500～2000石が全体の80％程度を占めますが、獺祭は3万石で文字通り桁違いの製造量です。

〇洗米

磨かれた米が製造蔵に運びこまれ、初めて水分に触れる工程で米を洗います。皆さんがご飯を炊く前にまず米を研ぎますが、それと同じイメージです。一般的な酒蔵では、機械を使って水洗いをする場合もあれば、手で洗う場合もあります。

当然ですが、この工程は機械を使った方が効率的です。機械の方が人手よりも6倍速く洗うことができますが、繊細な水分量をコントロールするには手洗いが一番なので、獺祭では人の手での洗米を行なっています。

ここで大事なのは、どれだけの水分量を吸わせるかを管理するのが、美味しいお酒を造るための秘訣ということです。獺祭では水を吸わせる時間を秒単位で厳密にコントロールし、それも誤差0・1％の範囲内で管理しています。獺祭では10kg単位で1日合計10t分の作業をするので、1000回冷たい水の中で手を冷やしながら作業を行うという、非常に手の込んだ工程がなされています。

◯蒸米（むしまい）

皆さんが米を食べる際は、炊飯器に水を入れて米を炊きますが、酒づくりにおいては米を蒸します。中華まんのように、下から立ち上る蒸気で米をふかします。外側は固いけど、内側が軟らかい状態にすることで、次の工程で米に菌が理想的な生え方をするためです。

獺祭では、機械で連続的に蒸す工程と、和釜で炊いたお湯の上にせいろで蒸す2つの方法を行っています。特に和釜で炊いた米はダイナミックにスコップで掘り起こします。

なお、蒸米後の米は、次に説明する製麹と仕込みに分岐します。ここが日本酒の製造工程を勉強する際に一番混乱する部分です。

◯製麹（せいきく）

蒸した米に麹菌（こうじきん）という毒性のない菌をふりかけ、繁殖をさせる工程です。業界では、「一麹（いちこうじ）、二酛（にもと）、三造り（さんつく）」という言葉があるくらい、酒づくりにとって重要な工程です。

この工程を製麹と言います。意図的にカビを生えさせる工程、と考えていただくとイメージしやすいと思います。

麹をつくるには、当然ながら温かい環境の方が菌は繁殖しやすいので、まるでサウナのような暖かい部屋でこの作業を行います。獺祭では、広い部屋で床（とこ）と呼ばれる台の上に並べた米に麹菌を振りかけ、製麹期間中は深夜早朝にかかわらず、蔵人が手混ぜしたり、品温管理をしたりしながら丁寧に麹を作っていきます。

◯仕込み

精米や洗米、製麹がバイオリンなどの楽器とすれば、仕込みはオーケストラの指揮者です。原料となる米、麹、水、酵母を目的とする味わいにするために、温度やそれぞれの分量をコントロールします。仕込みは大きく分けて、酒母づくりともろみづくりに分かれます。

酒母は「酛」とも言われ、まさに日本酒の元になります。また、発酵の主役となる酵母は、大量の原料の中では思う存分に活躍ができないので、最初に少量のスターターキットを作る必要があります。

なお、このスターターキットには流派があり、それが生酛や速醸酛などに分かれます。酒母に使う米の量は全体の約7％であり、ほんのわずかです。

酒母が出来たら大きいタンクに移し、原料を投入してもろみづくりを行います。もろみとは、醤油や味噌づくりでも使われる言葉で「複数の原料が発酵してできる柔らかい固形物」のことです。お酒づくりにおいては、お粥のような状態をイメージしてもらえればわかりやすいです。

このもろみづくりは、一度にドカッと原料を投入せず、3回に分けて行う「3段仕込み」という日本酒ならではの技法であり、先人の知恵の結晶とも言えます。

獺祭では、低温でじっくりと発酵をさせる方法を取っています。多くの酒蔵はもろみづくりにおいて20～30日程度の時間をかけますが、獺祭では30～35日間、細かく品温管理しながらお酒を造ります。さらにきめ細かくもろみを作るために、通常の酒蔵の3分の1程度の小さなタンクを採用しているのも獺祭のこだわりと言えます。

◯搾り

アルコールの発酵が進み、飲めるお酒になったら、ドロドロになったもろみを酒と酒粕に分けます。この酒を搾れば、晴れて日本酒が誕生します。もしここで搾らなければ、どぶろくになり、日本酒とは別のお酒になるので、非常に重要な工程です。

ここでは、巨大なアコーディオンのような見た目の機械で自動的に搾る、通称「ヤブタ式」と呼ばれる方法や、湯船のようなスペースに袋に詰めたもろみを敷き詰めてプレスする「槽搾り（ふねしぼり）」など様々な搾り方があり、この搾り方でも味が変化すると言われています。

獺祭では、ヤブタ式に加えて日本第一号となる「遠心分離機」という設備で柔らかく搾る方法も使っています。なぜそれまで誰もチャレンジしなかったかというと、遠心分離機は家が一軒買えるほど非常に高価な機械だからです。

最後に搾ったお酒の瓶詰めを終えたら、皆さんが手にするような日本酒が完成します。

ALL ABOUT THE SAKE BUSINESS

3

米で日本酒の味はどう変わるのか

日本酒のプロとしてよく聞かれるのは、「飲んだだけで何のお米か当てられますか？」です。この質問に対して、全くのノーヒントであれば基本的にはどんなプロでも答えられないと思います。

日本酒とワインを比較した場合、ワインはブドウ8割、醸造2割と言われるほど、ブドウの影響度が大きいですが、日本酒はその逆で米2割、醸造8割で、むしろ技術的な影響の方が大きいからです。

とはいえ、全く何の米かわからないかというと、テストのように選択肢があればある程度の傾向はわかります。米はお酒の性格を決める骨格のようなものであり、それぞれに得意不得意があるからです。

例えば、「さっぱりとした味のラーメンを作りたい」という方向性が決まっているのであれば、あえて魚介豚骨スープは選ばないはずです。それと同じで、旨味を出したい場合や、すっきりさせたい場合など、方向性によって使用する米が変わってきます。反対に、酒質を考えなければ、どんな米でもお酒づくりは可能なのです。

しかし、いいお酒を造るためにはそれにふさわしい米が必要です。そうしたお酒づくりに特化した米を、業界では酒米や「酒造好適米（しゅぞうこうてきまい）」と呼びます。

酒米の特性としては大きく、①米粒が大きいこと、②心白が大きいこと、③外硬内軟（がいこうないなん）であることの3つがあります。

米を磨いているとき、できるだけ砕けないようにするには、米粒が大きい方が有利です。また、米の中心部にある心白が大きいほど、麹菌が中に食い込みやすく、お酒づくりにおいても溶けやすくなります。また、お酒づくりの工程で、外硬内軟にするために米を炊かずに蒸すと説明しましたが、そもそもの米が外硬内軟であれば、酒づくりがしやすくなります。

そして、この酒造好適米の中でも「酒米の王様」と呼ばれる米が「山田錦（やまだにしき）」です。酒米の中でももっとも有名な米です。山田錦は先ほど挙げた、酒づくりに必要な特性を全て兼ね備えています。

獺祭では、製造する日本酒は山田錦だけを使用し、さらに贅沢にも全て半分以上磨いています。これが獺祭の美味しい理由の1つです。

「酒米は、食べると美味しいのですか？」というのもよく聞かれる質問ですが、酒づくりに特化している分、食用にはあまり適していません。食用米は、旨味の元となるたんぱく質が多く含まれていますが、酒づくりにおいてはそれが雑味になってしまうため、結果として酒米には旨味が少ない、そっけない味わいになります。

さらに食用米は適度な粘り気が必要なので、でんぷんを構成するアミロースとアミロペクチンのうち、弾力を生むアミロペクチンの比率が多いのですが、一方で酒粘りにおいては米を均一に混ぜるなどの作業がしにくくなってしまいます。パラパラとした「捌（さば）けのいい」米が好まれるので、アミロースの比率は高くなります。

つまり、酒米はパラパラとしてあまり旨味のない米ということです。これはワインにおけるブドウと同じで、カベルネ・ソーヴィニヨンやシャルドネなど、ワインづくり専用のブドウ品種は食用には適しておらず、あまり美味しくありません。

しかし、酒米が美味しくないのかというとそんなこともなく、粒が大きく水分や調味料をよく吸い込むため、炊き込みご飯や雑炊、ピラフ、パエリアには向いています。私も実際にチャーハンにして食べたことがありますが、パラパラとした食感で美味しい仕上がりでした。

新型コロナウイルスの影響で、飲食店などでの飲酒が制限され、酒米が余ってしまった際には「酒米を食べよう！」というキャンペーンも行われ、様々なレシピが公開されたこともありました。

参考までに山田錦の価格は、実は食用米のコシヒカリより高い超高級米です。魚沼産コシヒカリが１俵（60ｋｇ）約２万３０００円に対して、山田錦は２万５０００円前後と非常に高価な米です。

なお、獺祭では一定の品質基準をクリアした山田錦に対して、一般的な山田錦の購入価格よりも約１万円（30％以上）高い、１俵３万５０００円で買い取りを行っています。より良い原材料をより高い価格で購入し、生産者と一体となって、いい酒づくりを目指していることがうかがえます。

ALL ABOUT THE SAKE BUSINESS

4

なぜ水が美味しい地域の酒はうまいのか

日本酒に含まれるもっとも多い成分は「水」で、お酒の約80%を占めます。ちなみに2番目に多い成分はアルコールで、約15〜16%含まれます。つまり、成分のほとんどが水であり、原料である米や米麹と並んで重要な原料です。同じ醸造酒でも、ワインはお酒を仕込む段階で水を使わないので、その点が日本酒と大きく異なります。

お酒づくりの原料となる水を「仕込み水」と言いますが、この他にも米を洗う水、米を浸ける水、出来上がったお酒のアルコール度数を調整する水、瓶を洗う水や掃除用の水を加えると、お酒づくりに使う白米の30〜50倍もの重量の水を使っているのです。

「名水あるところに銘酒あり」と言われますが、このようにお酒を造る上で多くの水を使っていることからも水が大切だとわかります。

実際に酒蔵のホームページを見ると、創業理由の1つに「きれいな水が湧き出ていたから」というパターンは非常に多いです。そのため、地震や土砂崩れなどにより良い水が出なくなってしまうと、蔵自体を引っ越したり、山奥まで仕込み用の水をトラックで汲みに行き、毎日ピストン輸送をしたりする蔵もあるほどです。しかし、水を動かすとなると、もの凄いコストがかかるので、基本的にはこうした動きを行うケースはほとんどありません。

日本には仕込み水に恵まれた土地が多く、川沿いや水脈の上に酒蔵があることも珍しくありません。私たちにとって当たり前の風景かもしれませんが、「水に恵まれた国」であるからこそ日本酒づくりができるのです。

では、具体的に水質がどのようにお酒に差をもたらすのでしょうか。

もっとも重要なパラメーターは「硬度」です。硬度は水に含まれているミネラル分のうち、カルシウムとマグネシウムの合計含有量を示します。

ＷＨＯの飲料水水質ガイドラインでは、硬度60ｍｇ／Ｌ未満を「軟水」、60から１２０ｍｇ／Ｌ未満を「中程度の軟水」、１２０から１８０ｍｇ／Ｌ未満を「硬水」、１８０ｍｇ／Ｌ以上を「非常な硬水」と分類しています。

例えば、コンビニやスーパーで買えるサントリーの天然水の硬度は30ｍｇ／Ｌであり、舌触りもまろやかな軟水です。反対に、フランスで採水されたevian（エビアン）は約300mg／Lであり、非常な硬水で舌に苦味を感じます。

ミネラルは発酵をする際の酵母の栄養源でもあるので、多ければ多いほど酵母が活発に発酵します。そのため、ミネラルを多く含む硬水で造ったお酒は、どんどん発酵が進み、きりっと引き締まった味わいになります。一方で、軟水で仕込んだお酒は、ゆっくり発酵が進んでいくので、まろやかな味わいになります。

「灘(なだ)の男酒、伏見(ふしみ)の女酒」という言葉がありますが、白鶴や大関などがある灘の水（宮水）は100を超える硬水であり、力強い舌触りや荒々しい味わいが多いので、「男酒」と呼ばれるようになりました。一方で、京都の伏見の水は、灘と比較するとミネラル分が少ないので、柔らかくなめらかな酒質をたとえて「女酒」と呼ばれています。

市販の水は30mg／Lが普通ですが、美味しいと評判のお酒には硬度1のような超軟水から、200を超える超硬水まで様々な種類が揃っています。これは、造り手がそれぞれの硬度を活かしたお酒づくりに励んでいるためです。

そして、近年の技術ではミネラル分を除去したり、食塩などのミネラル分の添加も行われたりしているので、男酒、女酒を作り分けることもできるようになっています。

ALL ABOUT THE SAKE BUSINESS

5

酵母は香りが決め手

日本酒づくりにおいては、麹菌と酵母の２つの菌が活躍しています。麹菌は米を発酵のエネルギーとなる糖分にする役割を、酵母は糖分をアルコールに変える役割を担っているので、ビールやワインなどあらゆるお酒づくりにおいて、酵母はなくてはならない存在なのです。

人類が酵母の利用を始めたのは、１万年前にさかのぼると言われています。紀元前２０００年のメソポタミアでは、すでにパンづくりに酵母が利用されていたそうです。酵母にはそれぞれ特性があり、パン生地の発酵に特化した酵母や、食塩に強く風味を醸し出すのに特化した醤油酵母や味噌酵母があります。

酒づくりでは、例えば「ワイン酵母」はブドウ果汁のアルコール発酵に、「焼酎酵母」は高アルコール耐性、高温耐性、クエン酸耐性という焼酎づくりに適しています。

ちなみに、日本酒用の酵母である「清酒酵母」は、他の醸造酒よりも度数の高い20度のアルコールを造る能力を備えているのが特徴です。

他の酵母からも日本酒が造れるのか、という疑問を持つ方もいるかもしれませんが、酒づくりは可能です。近年では、差別化を図るためにワイン酵母での日本酒づくりにチャレンジする酒蔵も見られますが、出来たお酒は低アルコールでワインのような軽快な酸味が効いていました。味噌酵母で造った日本酒は、味噌汁の香りがするそうです。

酒づくりにおいて、米は骨格、水は肉体と定義するのであれば、酵母は衣服のような役割があります。服装によって、その人の印象が変わるのと同じように、酵母の種類によって香りや味を大きく変えることができます。そのため、目指すお酒の種類によって酵母を使い分ける蔵も見られます。

蔵によっては1種類の酵母だけではなく、2種類の酵母を1つのタンクに入れ、それぞれの特徴を生かした酒づくりをしています。実際に獺祭では、商品の特性に合わせて3種類の酵母を活用しています。

現在のお酒づくりで使われる酵母は、メロンやリンゴの香りがする酵母と、バナナや洋ナシの香りがする酵母の2種類に分けることができ、使用する酵母によってある程度の味わいを想像することができます。

○リンゴ・メロン系

リンゴ・メロン系は主に9号酵母、10号酵母、１８０１号酵母が使われています。業界用語では、この酵母が出す香気成分を「カプロン酸エチル」と言います。特に際立ったお酒は「カプカプする」と言われるほどメロンの香りがします。

なかでも9号酵母は、国内でも多くの酒蔵で使用されています。9号酵母は熊本の吟醸酒「香露（こうろ）」から分離された酵母なので、通称「熊本酵母」とも呼ばれています。

１９７０年代～１９８０年代にかけては、鑑評会で金賞を取る日本酒のほとんどが、山田錦35％磨きで熊本酵母（9号酵母）を使っていたので、勝利の方程式として「ＹＫ35（＝山田錦、熊本酵母、35％磨き）」のスタイルのお酒がこぞって造られた時代もありました。なお、ＹＫ35は広島杜氏の手によって確立された技術です。

○バナナ・洋ナシ系

バナナ・洋ナシ系は主に7号酵母、14号酵母が使われています。

業界用語では、バナナや洋ナシの香気成分を酢酸イソアミルと言い、まろやかな味わいになります。特に熟成酒や燗酒に向いているお酒が多く、落ち着いたお酒ができやすい傾向があります。

その他にも、「新政」に代表される6号酵母は、オレンジのような柑橘系の酸味の香りと味わいになります。

現在多くのお酒づくりで使用されている、日本醸造協会が扱う「きょうかい酵母」が普及する前は、各蔵独自の酵母でお酒づくりがなされていました。その結果、蔵に棲みついている酵母によって、酒質に違いが生まれていたそうです。

これは蔵の壁や、扉、神棚などに棲みついた酵母が繁殖したものと考えられています。実際に千葉の酒蔵に見学に行った際、蔵の中の木の扉が白くシミのようになっているところがあり、自社酵母が集まってコロニーを形成したものという説明を受けました。

差別化をしやすいことから酵母に注目が集まり、京都酵母や香川県の「さぬきオリーブ酵母」など、各都道府県オリジナルの酵母や酒蔵固有の酵母による酒づくりが行われており、多様化が急速に進んでいます。

ALL ABOUT THE SAKE BUSINESS

6
杜氏はどんな仕事をしているのか

酒蔵で酒づくりに関わる人を「蔵人（くらびと）」と呼びます。そして、その蔵人を束ねる監督であり、酒づくりの全責任を任される人が「杜氏（とうじ）」です。一般企業にたとえるなら、杜氏は工場長でありＣＴＯのようなイメージです。

杜氏の語源は諸説ありますが、家事全般を仕切る主婦を意味する「刀自（とじ）」に由来すると言われています。古代～平安にかけては、国や家庭のお酒づくりには女性も関わっていました。しかし、酒の需要が増えていくと、酒づくりは男の仕事へと変わっていきました。

私もこうした活動をしていると、「杜氏が変われば、酒の味が変わりますか」という質問を受けることがありますが、「変わる」と断言できます。

もし変わらなかったとすれば、それは杜氏が前杜氏の造り方や蔵に連綿と引き継がれた味を最大限に尊重した上で、神業とも言える手法でコピーしたに他なりません。

それほど、酒づくりにおいて杜氏は大きな影響力を持っているのです。

「酒屋万流」という言葉がありますが、これはお酒づくりには蔵や杜氏独自の造り方、作法があり、「美味しい酒を造る」という目的のために、醸されたお酒も蔵ごとに味わいが異なるという意味です。

杜氏の技による微妙な違いは、結果的にお酒の味わいを大きく左右します。後述する岩手県の南部杜氏が温暖な静岡の蔵元に長年出向いたケースもあり、特に冷蔵設備が発達していなかった時代は、任された蔵の気候風土を的確に捉え、仕込み方を絶妙に変えていたと言います。

杜氏がお酒づくりのプロたる所以は、何かしらの不具合が起きたときに、膨大な知識と経験をもってリカバリーを行える点にあります。

単にお酒を造るだけであれば、勉強を重ねて教科書通りに進めていけば、味はさておき、それなりのものができてしまうものです。

しかし、目的の品質を目指すとなると、例えば製造期間が30日であれば、日々の気温や湿度、原料や仕込みの状態など様々な要因の中で正解までの道のりを考える必要があります。時には、予期しない不具合が発生すれば軌道修正を迫られます。これらのノウハウを備えているのが杜氏の真骨頂です。

現在につながる杜氏制度は、冬にお酒を仕込む「寒造(かんづく)り」が普及すると共に、江戸時代に確立しました。普段は農山漁村に暮らす人が、仕事のない閑散期の冬にかけて、一時的な働き口を求めて酒どころへと出稼ぎに向かいました。

出稼ぎに来た人の中には、当然米農家の人もいたので、その年の米の出来具合を知っている蔵人は、酒蔵にとっては大変心強かったはずです。

酒蔵見学の魅力

私が仕事でも、趣味としてもワクワクし、学びが多いのが「酒蔵見学」です。酒蔵見学の最大の魅力は、酒づくりがどんな場所で、どんな人たちが造っているのかを知れることです。普段、お酒を飲むだけでは感じ取れない空気を感じ取れるだけでも、そのお酒の美味しさの背景の断片を知ることができます。酒造見学は予約が必要な場合もありますが、酒づくりの現場を間近で見せてもらえる場合もあります。

酒蔵の方の中には「ウチは普通だよ」「よそと変わらないよ」と言われることが多いですが、ハッキリ言って全然違います。毎回、必ず何かしらの発見があるのが面白いところで、それゆえ酒蔵見学はやめられません。

ここでは、酒蔵見学の魅力と楽しみ方をご紹介します。

酒蔵見学はハードルが高く感じますが、来場者へのプログラムがしっかりと組まれていたり、当日にその場で見学ができたりする蔵もあります。巻末の付録には、私がおすすめする酒蔵を掲載しているので、併せてぜひご覧ください。

○蔵人との会話と工程見学

酒蔵の方との話を通じて、造りにおけるこだわりを知ることができます。「実は一番手間がかかっているお酒は、これ」と言った裏話を聞けるのも魅力です。

製造工程を見せていただける場合、気になったことは恥ずかしがらずにどんどん質問してみてください。「これは何をするための設備ですか？」と一言聞いてみるだけでも大丈夫です。私でも初めて見る設備と遭遇することがよくあります。掘り下げることで「実はウチが最初にはじめた」「日本にこれは5台しかない」と、インターネットにはない貴重な情報が聞けるかもしれません。

○仕込み水

訪問時に、仕込み水をいただける場合があります。蔵の中に水が湧き出ている場合もあり、ペットボトルなどで自由に持ち帰れる蔵もあります。

水はお酒づくりにおける肝心要なので、酒蔵の仕込み水は本当に美味しいです。そして、お酒のテロワールとも言える仕込み水をいただくことで、より酒蔵を解像度高く知ることができます。お金を払ってもできない体験であるため、仕込み水が飲める場合は積極的にいただくことをおすすめします。

○試飲

有料・無料問わず、試飲ができる場合はぜひ利用してみてください。たくさんあって選べない場合は、酒蔵に訪問しないと飲めない限定酒も魅力的ですが、まずは地元の人に親しまれている本醸造や普通酒などの定番酒を飲むことをおすすめします。

実際に日本酒を造っている場所で、蔵や街の情景、湿度、温度を感じながらの1杯は至福の一言に尽きます。その蔵や地域の個性をありありと体感できます。

このように、魅力あふれる酒蔵見学ですが、蔵はあくまで製造工場なので、見学を受け付けていない場合や、売店を開放していない場合もあります。しかし、外観を見るだけでもその酒蔵の個性を不思議と感じ取れるのも面白いところです。

全国には1000以上の酒蔵があります。出張先や旅先で調べてみると、思いがけない出会いがあるはずです。

第4章

新酒鑑評会に学ぶ日本酒コンテストの世界

Chapter 4

The world of sake contest

ALL ABOUT THE SAKE BUSINESS

1

「金賞受賞」を理由にお酒を選ぶのは正解なのか

スーパーや酒屋に行くと、「金賞受賞」と書かれた首掛けがかかったお酒を見かけることがあると思います。日本酒選びにおける「金賞受賞」は、日本酒ファンだけではなく、プレゼント選びの指標にもなっています。

現在、国内外で約20以上の品評会や日本酒に関するコンテストが行われています。その中でももっとも知名度が高く、長い歴史を持っているのが全国新酒鑑評会(かんぴょうかい)です。これは1911年から100年以上の歴史を誇る鑑評会です。毎年5月に結果発表され、2024年は828点が出品し、392点が入賞。さらにその中でも成績が優秀だった出品酒が金賞として認められ、その数は195点でおよそ全体の2割という狭き門です。

新酒鑑評会の目的は、製造技術と酒質を競い、清酒の品質向上を図ることなので、一等を決めるというよりは一定の水準を超えているかを判定するという側面を持ちます。

そのため、鑑評会の目指すべきストライクゾーンがあり、各酒蔵は正解の味を目指し、しのぎを削ります。その結果、受賞酒の味わいはどれも似通ってきます。基本的には香りがフルーティーで華やか、透明感のあるすっきりした味わいです。

それゆえ、たしかに品質の高い味わいがしますが、日本酒の選び方として個人の好みに合うかは別問題です。日本酒の魅力は多様な味わいと個性であり、味の好みは人それぞれです。知名度は低いけれど、個性的なお酒や手ごろなお酒などもあります。

ただし、金賞受賞酒そのものの味わいは均質的ですが、金賞受賞をした蔵であることは、酒質を判断する上で非常に参考になります。特に私は、蔵の実力を判断する要素として過去の金賞受賞数を見ることが多いです。

そして、鑑評会を通過するストライクゾーンに狙って球を投げられるということは、それだけコントロールできる技術を持っていることを意味しています。金賞受賞をしている酒蔵は、それだけ高い技術を持っているので、酒蔵独特の個性豊かな商品ラインナップを持つケースもあります。

なお、新酒鑑評会自体は1位を決めるためのコンテストではありませんが、都道府県対抗で金賞受賞の数を競うのは日本酒ファンの風物詩となっています。特に、福島県は東日本大震災の後の２０１３年から２０２２年酒造年度まで、前人未到の9年連続で金賞受賞数日本一を達成し、福島の日本酒の圧倒的なレベルの高さを国内外に示しました。

昨年の２０２３年は山形県が受賞数トップになり、福島県は5位でした。２０２４年は福島県が首位奪還を目指したものの、兵庫県が1位に輝きました。

全国新酒鑑評会を運営する、独立行政法人酒類総合研究所のホームページで結果が公開されているので、出身や現在住んでいる都道府県の結果を見るだけでも意外な発見があるかもしれません。

ALL ABOUT THE SAKE BUSINESS

2 酒の品評はこうやって行われる

日本酒最大の技術コンテストである全国新酒鑑評会は、どのような過程で評価をされ、酒蔵はどのような準備をしているのかを説明します。

◯審査員が鑑評会で行っていること

まず4月中に予審（＝予選会）が行われて入賞酒が決まり、5月中に決審（＝決勝）が行われ、入賞酒の中から「金賞」が決まります。

注目すべきは、予審と決審で審査委員が入れ替えとなり、さらに評価方法も異なる点です。予審では「香り」「味」「総合評価」の3つのファクターを5段階で評価するとともに、果実のようなポジティブな香りから、カビやホコリのようなネガティブな香りの有無を記録します。

特に、香りは「華やか〜乏しい」の5段階で評価されるので、香りの高いお酒が評価としては有利です。

そして決審では、総合評価のみを3段階で審査します。評価の観点は「香りと味の調和が吟醸酒としての、品格および飲みもの」として、「特に良好」「良好」「それ以外」の3段階です。ただし、入賞に問題があると判断した場合には、理由を明記の上、「入賞外」を選択することもできます。

鑑評会はあくまでもコンクールなので、減点法による審査であり、否定的な表現をしない加点方式のワインとはこの点が大きく異なります。

ワインは「長所を探して、人にどう伝えるか」という考えから、例えば香りがあまりしないワインは、香りが「低い」ではなく「穏やか」といったポジティブな言葉で表現します。また、獣のような香りがしてもそれを個性と捉えます。

一方で、新酒鑑評会は規格にどれだけ沿っているかを審査するので、「この苦味がむしろいい」という評価はできません。

しかし複雑なのが、金賞の中で最高評点を獲得したお酒は、必ずしも誰が飲んでも美味いものとは限らないことです。審査には、料理との相性や飲みやすさなどが考慮されていません。そのため、「金賞を獲った酒蔵は製造技術が高い」と考えるのがいいです。

◯酒蔵から見た鑑評会

酒蔵が鑑評会に提出するための出品酒は、山田錦を磨き、アルコール添加した大吟醸・搾りは袋吊りというのが定石です。特に山田錦を精米歩合35％まで磨き、熊本酵母で造った酒が多く金賞を受賞してきたことから、「ＹＫ35」という勝利の方程式とも言える合言葉が生まれました。

第3章の製造の項目で「酵母が香りの決め手」とお話ししましたが、近年の主流は、きょうかい１８０１や明利酒類（茨城県）が販売する明利酵母（10号酵母、Ｍ３１０など）です。多くの蔵で使用されているため「金賞のための酵母」と言えるかもしれません。

全国新酒鑑評会の出品酒を造る期間は1年でもっとも寒い2月に行われるケースが多く、各蔵が持てる技術を尽くして造られるので、1年でもっとも神経を使う期間でもあります。内情を知っているだけに、この時期の午前中に酒蔵に連絡するのはかなり気が引けます。

近年の特徴として、自社でテーマを決めて全国新酒鑑評会にチャレンジする蔵が出てきています。例を挙げると、山田錦など金賞を獲りやすい米ではなく、地元産の米を使う、自社に棲みついた独自の酵母を使うなどです。実際に、岩手県の岩手銘醸や宮城県の内ケ崎酒造店などが、地元の米を使って金賞を獲得する快挙を達成しました。

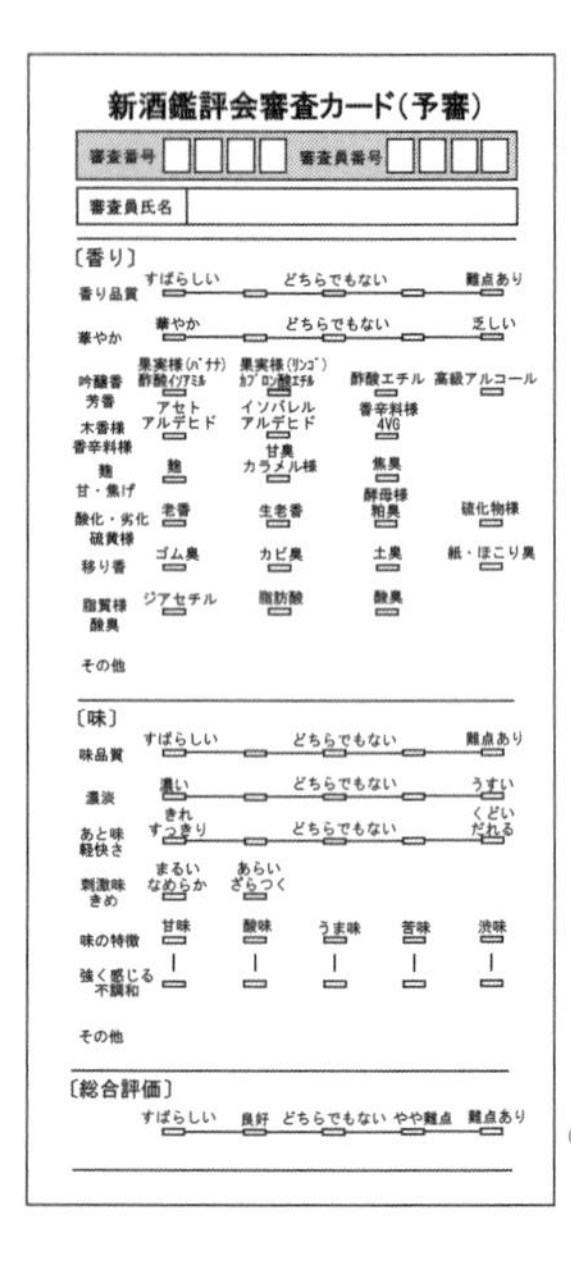

新酒鑑評会審査カード(予審)

審査番号　□□□□　審査員番号　□□□□

審査員氏名

〔香り〕

香り品質　すばらしい　どちらでもない　難点あり

華やか　華やか　どちらでもない　乏しい

吟醸香 芳香　果実様(バナナ) 酢酸イソアミル　果実様(リンゴ) カプロン酸エチル　酢酸エチル　高級アルコール

木香様 香辛料様　アセトアルデヒド　イソバレルアルデヒド　香辛料様 4VG

麹 甘・焦げ　麹　甘臭 カラメル様　焦臭

酸化・劣化 硫黄様　老香　生老香　酵母様 粕臭　硫化物様

移り香　ゴム臭　カビ臭　土臭　紙・ほこり臭

脂質様 酸臭　ジアセチル　脂肪酸　酸臭

その他

〔味〕

味品質　すばらしい　どちらでもない　難点あり

濃淡　濃い　どちらでもない　うすい

あと味 軽快さ　きれ すっきり　どちらでもない　くどい だれる

刺激味 きめ　まるい なめらか　あらい ざらつく

味の特徴　甘味　酸味　うま味　苦味　渋味

強く感じる不調和

その他

〔総合評価〕

すばらしい　良好　どちらでもない　やや難点　難点あり

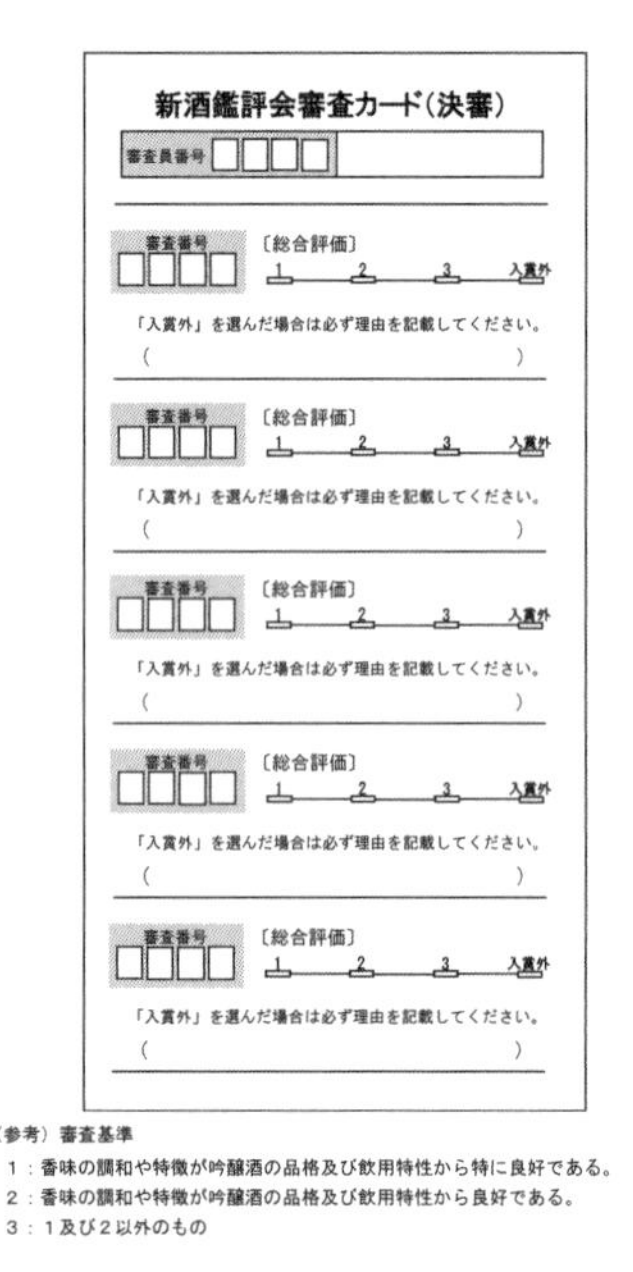

新酒鑑評会審査カード(決審)

審査員番号　□□□□

審査番号　□□□□　〔総合評価〕　1　2　3　入賞外

「入賞外」を選んだ場合は必ず理由を記載してください。

(　　　　　　　　　　)

審査番号　□□□□　〔総合評価〕　1　2　3　入賞外

「入賞外」を選んだ場合は必ず理由を記載してください。

(　　　　　　　　　　)

審査番号　□□□□　〔総合評価〕　1　2　3　入賞外

「入賞外」を選んだ場合は必ず理由を記載してください。

(　　　　　　　　　　)

審査番号　□□□□　〔総合評価〕　1　2　3　入賞外

「入賞外」を選んだ場合は必ず理由を記載してください。

(　　　　　　　　　　)

審査番号　□□□□　〔総合評価〕　1　2　3　入賞外

「入賞外」を選んだ場合は必ず理由を記載してください。

(　　　　　　　　　　)

(参考) 審査基準

1：香味の調和や特徴が吟醸酒の品格及び飲用特性から特に良好である。

2：香味の調和や特徴が吟醸酒の品格及び飲用特性から良好である。

3：1及び2以外のもの

※参考　新酒鑑評会で使われる審査カード。左が予審用、右が決審用。

ALL ABOUT THE SAKE BUSINESS

3 押さえておきたい日本酒コンテスト（国内編）

新酒鑑評会以外にも、世界各地で日本酒のコンテストが開催されています。それぞれのコンテストごとに切り口や評価方法が異なり、同じ金賞でもコンテストが違うと選ばれる蔵は違ってきますし、順位を競う形式もあります。ここでは国内と海外に分けて、押さえておきたいコンテストを説明します。自分の好みに合う日本酒を見つける参考にしてみてください。

国内① SAKE COMPETITION

大手酒販店「はせがわ酒店」が主催する、２０１２年から始まった市販酒のコンテストです。全国新酒鑑評会が一般的に市販されていない出品酒によって酒造技術を評価するのに対し、実際に売られているお酒の美味しさを、ブラインドテイスティングにより評価します。どんな銘柄でも1位を取る可能性があり、実際に世にあまり知られていないブランドが選ばれることのある真剣勝負のコンテストです。

国内②　全国燗酒コンテスト

「お燗にして美味しい日本酒」を審査するコンテストで、２００９年から開催しています。温めて飲む日本酒ならではの特性を活かし、価格や温度帯で異なる４つの部門があり、審査温度が45℃の「お値打ちぬる燗部門」「プレミアム燗酒部門」「特殊ぬる燗部門」と、55℃で審査する「お値打ち燗酒部門」に分かれます。各部門の最高金賞は全体の５％という数点しか選ばれないので、燗酒好きの方にはぜひ参考にしてほしいコンテストです。

国内③　ワイングラスで美味しい日本酒アワード

ワイングラスによって日本酒を審査するコンテストで、２０１１年から開催しています。純米酒や大吟醸など、特定名称や価格帯などで異なる6部門に分けて審査が行われる、柔道の階級制のようなシステムです。最高金賞は全体の約５％、金賞の入賞率は約30％と狭き門です。和食はもちろん、洋食に合わせたい飲食店の方が参考にすると良いと思います。

上記以外にも、酒屋がおすすめの酒蔵を決定する「酒屋大賞」が２０２３年から開催されています。本屋さんの店員がおすすめする本を選ぶ「本屋大賞」から着想を得たコンテストで、日本酒においては銘柄ではなく、酒蔵の1位を決めるところが他のコンテストと比べてユニークです。

最後に、「世界酒蔵ランキング」というこれまでの日本酒コンテストの受賞実績をポイント化して酒蔵ごとに集計し、上位50の酒蔵を格付けするという一風変わったコンテストを紹介します。

世界酒蔵ランキングでは、商品だけでなく酒蔵を評価することで、日本酒選びのガイド役となることを目的としています。２０１９年からスタートし、まだ歴史は浅いですが、毎年12月に発表されていることもあり、徐々に年末の風物詩になりつつあります。

ALL ABOUT THE SAKE BUSINESS

4 押さえておきたい日本酒コンテスト（海外編）

海外① 全米日本酒歓評会

海外でもっとも歴史の長い日本酒の品評会で、全国新酒鑑評会に倣って2001年からスタートしました。審査は3日間に渡って、11名の審査員により行われます。審査員は通常日本人8名、外国人3名の構成です。大吟醸や純米酒など、全部で4部門あり、各部門の最上位にはグランプリの称号が与えられます。

海外② インターナショナル・ワイン・チャレンジ（IWC）SAKE部門

日本酒界の「オスカー」と呼ばれています。ワインのブラインドテイスティング審査会に2007年にSAKE部門が設置されました。Junmai（純米）、Honjozo（本醸造）など、10のカテゴリーごとに金メダル・銀メダル・銅メダルが表彰され、各カテゴリーの金メダル受賞酒の中からもっとも優れた銘柄に対し、トロフィーが授与されます。そして、10のトロフィーの中からその年の「チャンピオン・サケ」が選出されます。直近ですと、2024年は兵庫県の淡路島にある「都美人（みやこびじん）」がチャンピオンサケとして表彰されました。

海外③　Kura Master

2017年から始まった、フランスの地で行うフランス人のための日本酒コンクールです。審査員はフランス人を中心としたアルコール・飲食業界のプロフェッショナルで構成され、「食と飲み物の相性」に重点を置いている点が最大の特徴です。2021年度より本格焼酎・泡盛部門も新設されました。6つの部門でそれぞれ金賞とプラチナ賞、さらに審査員賞が与えられます。そして、審査員賞を受賞した酒から、審査委員長が選出したその年のもっとも優れたお酒が「プレジデント賞」に選ばれます。

この他に、海外ではアジア最大級の日本酒コンクール「Oriental Sake Awards」が2022年からはじまりました。近年ではルクセンブルクやモナコなどでも開催されており、日本酒の輸出が増えるにつれて、コンテストをする国と地域が増えています。

ALL ABOUT THE SAKE BUSINESS

5

日本酒コンクールの最新トレンド

これまでの日本酒のコンクールでは、お酒単体として美味しいのかが競われてきました。また、大吟醸や純米酒、スパークリングなどのカテゴリーごとに表彰を行うスタイルが多く見られます。しかし、これらは既存のコンクールの延長線であり、カテゴリーも日本酒の酒税法による区分での審査になります。

日本酒が現地の人にとって身近なものとして愛されるようになるためには、ローカライズをしていく必要があります。

そこで、近年ではオリジナルのカテゴリーによる審査や現地の食べ物ごとに表彰を行うコンクールが徐々に増えてきています。特に国際コンクールではその動きが顕著です。

例えば、オーストラリアの日本酒コンクール「2024 Australian Sake Awards」は、オーストラリア出身のソムリエや、酒販店・飲食店のスタッフ、日本酒資格の保持者、輸入・卸業の日本酒担当者といったプロフェッショナルが審査を行います。

２０２４年度の審査では、「オーストラリア市場で好まれるかどうか」という点をより重要視し、新たな評価方法が導入されました。１つは、日本酒の香りや味わいなどの特徴を審査する「カテゴリー別基本審査」で、華やかさを審査するフルーティー・フローラル部門や、フルボディ（色合いが濃く、渋み・酸味が豊富なこと）で複雑味のある日本酒、大胆な風味のある日本酒を審査するマチュア・コンプレックス部門など、特定名称という括りから離れた5部門が設けられています。

さらに特徴的なのは、料理との相性を審査する「フードマッチング審査」で、部門名がユニークです。「ボイルされた赤エビ部門」、「チーズ、サラミ、オリーブなどの前菜の盛り合わせ部門」「オージービーフステーキＢＢＱ味部門」など5部門あり、オーストラリアならではの食べ物との相性で審査を行います。

こうしたコンクールを勝ち抜いた受賞酒は、間違いなくオーストラリアの消費者やレストランのお酒選びの参考になります。

イタリアの日本酒コンクール「Milano Sake Challenge 2024（ミラノ酒チャレンジ）」に

もフードペアリング部門が設けられています。チーズの王様と呼ばれるパルミジャーノ・レッジャーノ・チーズ、カルボナーラ、ピスタチオのジェラートなど、イタリアならではの料理と合わせる点が特徴です。さらに「生ハム部門」があり、スネ部分、中央、先端といった原木の部位ごとに審査が行われるのもユニークです。

またデザイン部門として、ボトルの見た目に着目した審査部門があり、非常にイタリアらしいコンクールだと思います。

今後、こうした地域ごとの食べ物との相性やユニークなカテゴリーのコンテストは増えていくと予測します。日本酒をより身近に感じてもらう上では、歓迎すべき流れだといえます。海外のこうした影響を受けて、日本国内でも「ベスト寿司賞」「ベストすき焼き賞」などのコンテストが新設されるかもしれません。

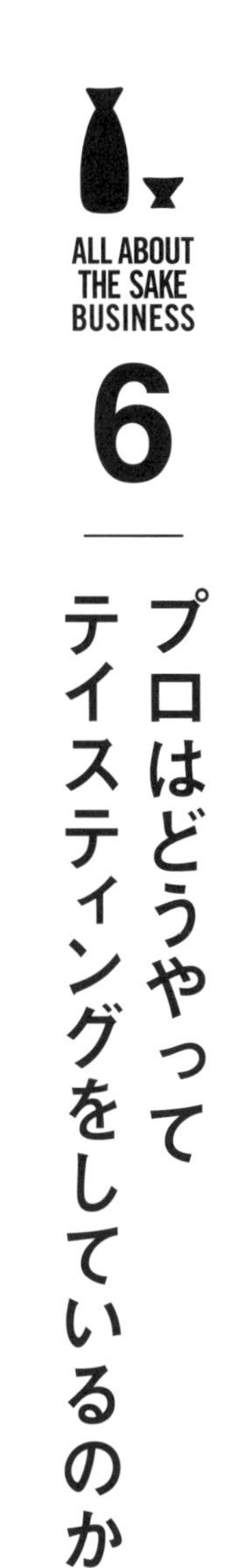

6 プロはどうやってテイスティングをしているのか

コンテストにおいてのテイスティングはどのように行っているのでしょうか。

まず、審査をする観点でのテイスティングと、お酒を楽しむテイスティングでは方法が異なります。

実際に新酒鑑評会の審査をした方に話を聞くと、テイスティングをする前には「このお酒は１００点のお酒」だと思って飲むそうです。その上で、香りや味など１００点に届かないポイントを探りながら、減点方式を採用していきます。

また、お酒を楽しむ際は、その都度水を飲んだ方が良いとされています。酔いが軽減される上に、口の中がリセットされるからです。

しかし、プロのテイスティングでは、途中で水を挟むと浸透圧の影響により味覚が狂ってしまうので、お酒とお酒の間に水は挟まず、20～30種類口にした後に休憩して水を少しだけ飲むそうです。

また、プロのテイスティングは、酔わないように飲み込まず、吐器（はき）と呼ばれる場所や手持ちの紙コップに吐き出します。実際に飲み込んだときと、味の違いはほとんどないのだそうです。

プロは時には1日100種類以上の味を見るため、一般的なテイスティングとはやり方が根本的に違います。

その一方、皆さんでもできるお酒を楽しむためのテイスティングをお伝えします。基本的なステップは、①見る、②香る、③味わう、です。

①見る

テイスティングの最初のステップは、見ることから始まります。グラスに注がれた日本酒の色や透明度を観察していきます。その際、香りと味のイメージがある程度固まってくるとベストです。最初は透明だったら「すっきりしてそう」、色がついていたら「味が濃そう」程度のイメージで良いです。

②香る

次に、香りの評価を行います。グラスを軽く揺らし、可能な限り日本酒の香りを立たせてみてください。その香りをゆっくりと感じ取ります。果実、花、ヨーグルトやチーズといった発酵臭など、多くの種類があるので、まずは感じ取ったままを言葉にしてみてください。また、ここでも味のイメージはしておいてください。

③味わう

少量の日本酒を口に含み、舌全体で味わいます。ここで重要なのは、見た時と香った時の印象を比較し、どれだけイメージに近いか、そうでないのかを感じ取ってください。その上で味として感じたものをメモに起こしてみてください。感想は人それぞれ違いますが、それでも正直に思った感想をつづってみてください。

私の場合は、色が思い浮かぶことがあります。「黄色い味がする」「緑色の印象がする」という感じです。そして、いろいろ学ぶうちに、黄色が思い浮かぶときは酸味を感じるとき、とわかったりします。

なかには、音楽の楽器に例える人もいますし、芸能人に例える人もいます。人それぞれ違うのだから、勇気をもって思い思いの感想を述べてもらっていいのです。

エリア別・お酒の選び方

酒屋でお酒を買うときや、居酒屋でメニューを見たとき、いくつも並ぶ日本酒の銘柄を見て「どれを選んだらいいのかわからない」という経験をされた方は多いと思います。

日本酒は地域によって味が異なるので、エリアの特徴をある程度把握すれば、傾向を掴むことができます。銘柄1つひとつが頭に入らないという方は、ぜひ都道府県を見ながら味をイメージしてみてください。

その後、思ったよりも甘かった、自分の好みに合っていた、などの感想を持っていただけると、銘柄への理解も深まっていくと思います。本コラムが酒屋や居酒屋でのメニュー選びの参考になれば幸いです。

東西の味の特徴

大雑把に言えば、東日本はすっきり系、西日本は濃醇系です。具体的にいうと、愛知県、岐阜県、富山県より西側から味が濃くなっていきます。これは、西に行くほど魚に脂が乗り、醤油などの調味料の味も濃くなったからだと考えています。

エリア別の特徴

○北海道

もっともさっぱりとしていて、素朴な味わいのお酒が多いエリアです。さらっと飲めて、余韻も短い点が特徴です。魚は塩焼きなど、素材を活かしたシンプルな料理と合います。北海道の酒米「彗星」を使ったお酒は、特に味わいがすっきりしています。

○東北（青森・秋田・岩手・山形・宮城・福島）

南部杜氏(なんぶとうじ)の影響なのか、吟醸系のフルーティーかつ華やかできれいなお酒が多いです。東北の中でも、秋田県だけはやや濃醇なイメージですが、平均的にジューシーなタイプが多い印象です。ビギナーが飲むとしたら、東北のお酒がすすめやすいです。

○関東（群馬・栃木・茨城・埼玉・東京・千葉・神奈川）

関東はもっともバラエティに富んでいて、一括りにするのは難しいですが、派手すぎないフルーティーさと、酸味も程よく効いたシックなお酒が多い印象です。関東はマーケットサイズが大きいため、個性的なお酒がたくさん見られるのが特徴です。

○甲信越（新潟・長野・山梨）

すっきりとしていて柔らかいお酒が多いです。その中でも新潟は辛口系、長野は甘口系、山梨はニュートラルで水のようにさらっと飲めます。ちなみに、甲信越地方は日本でもっとも酒蔵の多い地域で、日本の10％の酒蔵が集中しています。

○東海（静岡・愛知・岐阜・三重）

静岡県は富士山の水を活かしたゴクゴク飲める爽やかなイメージです。愛知・岐阜・三重は、濃醇で旨味がのったお酒が多く、ほっこりとした米の旨味を大切にしたお酒が多い印象です。

○**北陸（富山・石川・福井）**

日本海の引き締まった魚に合わせやすい、濃醇な味わいです。特に石川県は酸味の効いたお酒が多く、脂の乗った肉とも合わせやすいです。

○**近畿（滋賀・和歌山・奈良・大阪・京都・兵庫）**

ガッツリと濃醇で、飲んだ後もグッと引き締まる辛口タイプです。全国トップの銘醸地であり、酒米の産地でもあるため、米の風味が感じられるお酒が多く見られます。

○**四国（香川・徳島・愛媛・高知）**

甘口系のやわらかく、ほっこりしてまろやかなお酒が多く、鯛などの白身魚と合います。ただし、高知県だけは打って変わって、全体的に辛口でキレが良いです。カツオやマグロなどの赤身に向いています。

○**中国（鳥取・島根・岡山・広島・山口）**

山陰の鳥取・島根は、骨格がしっかりしていて、旨味もあり、酸味もしっかりとあります。頑丈で飲みごたえのあるお酒が多いです。全体的に熟成向き・熱燗向きです。岡山・広島は、温暖な気候を活かした柔らかくて程よく旨味が乗ったお酒が多い印象です。

○九州（福岡・佐賀・長崎・熊本・大分・宮崎・鹿児島・沖縄）

味、香り、旨味、甘みなどがたっぷりとしたお酒が多いです。特に佐賀県が顕著で、ジューシーで甘さたっぷりな南国フルーツのような味わいのお酒が多いです。ワインでいうと、濃醇で果実味がしっかりと感じられるカリフォルニアのようなイメージです。

第5章

「ワンカップ大関®」に学ぶ容器の世界

Chapter 5

The world of sake packaging

ALL ABOUT THE SAKE BUSINESS

1

「ワンカップ大関®」が生んだ容器革命

カップ酒と言えば「ワンカップ大関」が真っ先に思い浮かぶと思います。世界で初めて発売されたカップ酒で、今ではコンビニやスーパーでも手に取ることができます。

ワンカップ大関が生まれたのは、今から60年前の1964年10月10日。日本で初めて行われた第1回目の東京オリンピックの開催日に合わせて発売されました。

ワンカップ大関の誕生は、それまでの日本酒にはなかった「カップ酒」という新しいカテゴリーを生み、日本のお酒の流通を大きく変えたと言える商品です。

ワンカップ大関の誕生以降、1968年に大塚食品工業が日本初の市販レトルト食品である「ボンカレー」を、1969年にはUCC上島珈琲が世界初となる缶コーヒーを、1971年に日清食品が世界初のカップ麺「カップヌードル」を発売するなど、食品・飲料における大きなイノベーションが続きました。

ここで言えるのは、容器が大きな流通のイノベーションを起こしてきたという点です。

そこで本章では、日本酒で起きている「容器がもたらした流通に関するイノベーション」についてお話をします。

◯顔の見えるお酒

日本経済が急成長のさなかにあった１９５９年は、それまでの年間出荷量でトップだった日本酒からビールへと、嗜好が変わりつつある時代でした。当時はまだ一升瓶の全盛期です。

そんな中で、大関の10代目社長・長部文治郎さんは、お店でお酒を飲むとき、瓶ビールは瓶のまま出されるとメーカー名がわかりますが、徳利を使うとどこのメーカーのお酒かわからない、と不満を募らせていました。

「もっと若い人が喜んで飲みたくなるような、全く新しい商品を作ろう」と思い立ち、徳利も盃も必要としない、いつでもどこでも飲めて、見ただけでメーカーの顔が見える商品づくりにチャレンジし、ワンカップを開発しました。

東京タワーの建設、東海道新幹線の開通など、経済や人の流通が変わっていく中で、東京オリンピックをターゲットとして、新しいクールな飲み方を宣伝しました。

その後、大きく飛躍したのが鉄道弘済会との取引でした。

当時は、車内で日本酒を楽しむ場合は小さいサイズでも二合瓶を栓抜きで開けてキャップに注いで飲むのが普通でしたが、こぼしてしまうこともありました。ワンカップ大関なら車内でもそのまま飲めるということで、レジャーブームにもあやかり、キヨスクでの販売がワンカップ大関の売上を伸ばすきっかけとなりました。


ワンカップ大関が市場を開いたことで、各社もこぞってカップ酒に参入しました。

現在は、新型コロナウイルスを経てキャンプなどのアウトドアブームを背景に人気が再加熱しています。動物を模したラベルやご当地カップだけでなく、カップ酒専門店も生まれました。

そのまま温めて燗酒にできる利便性にも改めて注目が集まっています。

ワンカップ大関が容器革命を起こしたことにより、60年前にはなかった１つの市場を確立しました。

ALL ABOUT THE SAKE BUSINESS

2 ——「パック酒は美味しくない」は本当か

紙パックの容器に入った通称「パック酒」は、手ごろな価格帯で、気軽に購入できるお酒です。

このパック酒に「美味しくなさそう」というイメージを持っている方も多いかもしれませんが、その理由として料理酒と混同されている影響があるかもしれません。

なお、一般的に料理酒として販売されているものは、アルコール度数は３％程度を上限として塩分が添加されています。用途はあくまで調味料であり、飲むことを目的としていないため、お酒には分類されず、酒税がかからないのでその分安価に販売されているのです。

飲用を目的としたパック酒もあります。紙パックは瓶よりも資材費が安く、大量生産ができて重量も軽いので、輸送費は安価で済み、結果的に手ごろな価格で販売されています。

パック酒は保存という点でも優れています。日本酒の劣化に対して、もっとも影響があるのが日光です。紫外線は日本酒の味を変えてしまう、業界用語で「日光臭」と呼ばれる特有の香りを作り出します。

パック酒の包装パックは光を遮断する作りをしているので、紫外線の影響を受けにくくなります。そのため、パック酒はフレッシュな美味しさを長くキープできます。

◯パック酒の革命児「ギンパック」

パック酒の中でもインパクトを与えたのが「菊正宗　しぼりたてギンパック」です。「いつもの食卓をもっと上質に」というコンセプトを軸に、2016年9月にデビューして以降、従来のパック酒とは一線を画す高い香りが特長です。封を開けた瞬間にふわっとメロンのような香りが舞い上がってきます。

毎年ロンドンで行われる、世界最大規模のワイン品評会「IWC」のSAKE部門において、高品質でもっとも優れたコストパフォーマンスの1銘柄のみに与えられる「グレートバリュー・チャンピオン・サケ」を2019年、2023年と2度も受賞したことがあるほど、実力を兼ね備えたお酒です。

価格は１・８Ｌで約１６００円以下であり、その味わいを踏まえると驚きの価格帯です。

◯地元ならではのパック酒たち

山口県岩国市の五橋（酒井酒造）の紙パックは、瓶で販売されている純米酒や純米吟醸などと遜色がないほど美味しく、長野の北安曇（きたあづみ）郡の大雪渓は「山の酒」の名の通り、登山やキャンプ、山小屋などでも楽しめる日本酒です。口にすれば、地元の方に長年愛されたことがわかる、気取らないホッとした飲み口が特徴です。

本項で紹介した五橋、大雪渓、ギンパックのいずれの紙パックも、スーパーや酒屋さんで購入でき、最近ではAmazonでも購入可能になりました。興味のある方は、ぜひ一度試していただき、紙パックの魅力を味わってみてください。

3

缶の日本酒の魅力とその進化

ここまでカップ酒とパック酒について紹介しましたが、容器として近年見逃せないのが缶の日本酒です。缶の場合、主に180mlや200mlの飲み切りサイズが一般的で、冷蔵庫のスペースを取らずに保存できる点も魅力です。少量なので一度に飲み切ることができ、開封後の品質劣化を防げます。

また、瓶と異なり軽量で持ち運べるので、アウトドアや旅行先での利用に便利です。アルミ缶は耐久性が高く、割れる心配がないので、持ち運びも安心です。さらに、日本酒の大敵である紫外線を遮断するため、日本酒の鮮度を保ちやすい利点もあります。

缶入り日本酒のパイオニアとして知られるのは、新潟県の菊水酒造です。「ふなぐち菊水一番しぼり（現「菊水ふなぐち」）」は、多くのコンビニの棚に並んでいます。

注目すべきは、品質管理の難しい搾りたての生原酒をどこでも手に取れることです。

1972年の発売当時、生のお酒を世に出すことは業界の常識では考えられない取り組みでした。しかし、爽快で濃厚な味わいをいつでも飲めることが世の中に受け入れられ、50年以上も多くのファンに愛され続けています。

ちなみに、「菊水ふなぐち」は本来の180mlの規格の缶に、フタとお酒に空気の層を挟まずにたっぷりと200mlのお酒を詰めています。これはお酒が空気に触れて酸化することで、フレッシュな風味が損なわれてしまうことを避けつつ、飲み手にたっぷりと搾りたての生原酒を存分に味わってもらいたいという想いが込められているからです。ぜひ、缶を開けた瞬間の「なみなみ」と入ったお酒の魅力を体感いただきたいです。

また、2020年以降は日本酒メーカーではなく、調達した日本酒の充填を行い、自社でブランディングを行う企業が日本酒市場に相次いで参入しました。

オシャレなパッケージの製品が多く、若年層をターゲットにしたポップなデザインの商品も増え、新しい消費者層の獲得に成功しています。さらに、その品質保持性の高さと軽量さから輸出にも向いています。ここでは代表的な缶入り日本酒を紹介します。

○ICHI-GO-CAN

ICHI-GO-CAN（いちごうかん）は、Agnavi（アグナビ）が展開する1合=180mlの日本酒を提供するブランドで、全国各地150銘柄以上の日本酒を取り揃えています。定期購入サービスも展開し、様々な銘柄を手軽に楽しむことができます。自社で輸出免許を持ち、北米・南米・東南アジア・ヨーロッパなど、海外へ積極的に輸出を行っています。

○KURA ONE

アイディーテンジャパンが運営するKURA ONE(クラ ワン)は、日本の地域の個性を味わえることをコンセプトにしています。国内外で受賞歴のある酒蔵の代表銘柄を厳選し、酒蔵が持つ個性を缶からも感じられるようにしているのが特徴です。世界100カ国以上に配送ができます。

○HITOMAKU

SakeBottlersが運営するHITOMAKU(ヒトマク)は、全面にデザインを施したキャップ付きのボトル缶が特徴です。お店や家だけでなく、アウトドアや旅行など日常に日本酒が身近に寄り添うことをコンセプトにしています。なかでも、ゲームをしながら飲める「ゲーミング日本酒」はゲームファンから大きな支持を集め、新たな市場の獲得に成功しました。

ALL ABOUT THE SAKE BUSINESS

4　なぜ一升瓶はなくならないのか

日本酒の世界において、一升瓶は長年にわたり広く使用されています。その大容量と伝統的なデザインは、様々な酒器やパッケージが登場する中でも根強い人気を誇っています。

一升瓶は中にお酒が入っていなくても、約９５０ｇの重さがあります。さらに１８００ｍｌの液体が入るので、１本で約3キロ近い重量になります。サイズが一升なのは、特に尺貫法（しゃっかんほう）を採用する酒蔵の製造と相性が良かったことが理由です。

一升瓶が誕生したのは１８９９年頃です。使用を開始した先駆者は、「日本魂（やまとだましい）」を醸造する兵庫県の江井ヶ嶋（えいがしま）酒造と言われています。

それまでは、酒屋が日本酒を桶や樽に入れておき、お客さんが徳利など自前の容器で購入する量り売りスタイルが主流でした。

しかし、酒屋は水で薄めての販売や、他の酒と混ぜての販売など、悪質な手口が横行していました。メーカーとしては、あらかじめ容器に詰めて開栓できなくして出荷すれば解決できると考え、瓶の使用が始まりました。

一升瓶の登場後、しばらくは木の樽と並行して利用されたそうですが、ガラス瓶の普及が加速したのは1923年に発生した関東大震災です。震災後の復興需要によって建築に使用する木材価格が高騰し、木桶の製造が難しくなり、その結果、瓶が主流となっていきました。

現在、一升瓶は日本酒の消費量減少と共に減りつつあるものの、依然としてなくなることはなく、根強い需要があります。

実際に、2023年には一升瓶不足が明らかになり、酒業界を揺るがせました。これはコロナ禍で飲食店が打撃を受けた影響で需要が激減し、一升瓶全体の生産の4割ほどを占めていたメーカーが製造をやめたことが原因です。

なかには、季節物の日本酒を瓶詰めするために、瓶詰済みの一升瓶をタンクに戻して再利用する、という苦肉の策を行う酒蔵も出たほどです。

こうした事態が起こっても、サイズの小さい4合瓶や他の容器への切り替えは大きく進みませんでした。では、なぜ一升瓶はなくならないのでしょうか。

まず、一升瓶は大容量なので、家庭や飲食店での使用において経済的です。特にお酒一杯当たりの金額で考えると、特に飲食店にとって一升瓶はリーズナブルです。具体的に数字で示すと、１升瓶が１本３０００円、４合瓶が１５００円とすると、同じお酒でも１００ｍｌあたり40円の差が生まれます。つまり、一升瓶に換算すると７５０円もお得になるので、日々お酒を提供する飲食店にとってメリットは少なくありません。

また、一升瓶はまだ１００年程度の歴史ながらも、日本の伝統的な容器の１つであり、日本酒のシンボルでもあります。贈り物や儀式において一升瓶が使われることも多く、例えば結婚式や祝賀会などのハレの日には、一升瓶に入ったお酒が贈られることが一般的です。このような文化的背景が、一升瓶の需要を支えています。

そのほか、保存性が高く洗浄して再利用できるため、環境に優しい側面も持っています。

このように一升瓶は、経済的にも文化的にも日本に強く根差した容器のため、需要の減退が進んでもなくなることはないと考えられるのです。

私もいつもの銘柄の一升瓶を脇に携えながら、ゆったりと日本酒を嗜むのが至福のひと時であり、時代に反するとはわかりつつも、なくなるには惜しいと感じています。

ALL ABOUT THE SAKE BUSINESS

5

「パウチ酒」という新スタイル

お酒の容器の中でも今後拡大の可能性があるのが「パウチ酒」です。パウチとは、いわゆるレトルト食品をパッケージングする際に用いられる密封できる袋です。日本の食卓では、レトルトカレーがなじみ深くイメージしやすいと思います。

日本酒好きを悩ませるのが、日本酒を冷蔵庫で保存する際の容量です。日本酒は空気に触れる面積を小さくするために、瓶を縦に保存するのが望ましいですが、家庭用の冷蔵庫に小さな4合瓶を入れると高さが出てしまい、どうしても横にして保管する場合が多いのが実情です。

また、前項で紹介した紙パックもアルコールの浸透防止や酸化防止のため、層の内側にアルミやセラミック加工が施された多層構造になっており、キャップがプラスチックになっています。そのため、解体するのは大変で、地域によってはゴミの分別が面倒という欠点がありました。

こうした声を受け、日本で最初にパウチ酒を発売したのが京都府の宝酒造です。２０１１年から印刷会社の大日本印刷と共同開発した「松竹梅『天』９００ｍｌエコパウチ」が販売されました。

パウチは途中で曲げることができるので、たたんで冷蔵庫の隙間に収納できますし、容器に使用される素材すべてがプラスチックなので、分別せずに丸めてそのまま捨てられるといったメリットがあり、瓶や紙パックの弱点を解消しました。

さらに２０１４年には、新潟県の菊水酒造から「菊水スマートパウチ」が登場しました。最大の特徴は空気に触れない点です。他のパウチ酒と異なり、給水するためのプラスチックの蛇口がついた見た目が印象的ですが、これも空気に触れさせないための工夫です。スマートタップと呼ばれる蛇口は、ボタンをプッシュするとお酒が注がれますが、いくら注いでも空気がパウチパックの中に入ってこない構造になっています。これにより、フタを開け閉めする必要がなくなった上に、空気が入らないから開栓後もいつでも新鮮な状態でお酒を楽しむことができます。ちなみに、「菊水スマートパウチ」は実はフランスのワイン用パウチを参考にしたそうです。

パウチパックが真価を発揮するのは、お花見やバーベキューといった外飲みです。軽くて柔軟に形を変えられるので、クーラーボックスなどに入れても持ち運びしやすく、飲み終わった後は捨てるのもラクです。

実際にその特性を活かし、2021年に新潟県の津南醸造がアウトドア特化型の日本酒として「GO POKECT」の販売を開始しました。100ml入りのパウチ入りの日本酒で、湯煎したり凍らせたりと野外で日本酒を楽しむことができる日本酒です。

今後は、カジュアルなお酒はパウチで、こだわりのお酒は瓶でという棲み分けがされていく可能性も十分にあります。

このように、誕生してまだ歴史の浅いパウチ酒ですが、利便性や経済性を考えると大きなメリットがあります。特にパウチは輸送費の削減も期待されています。

段ボールに瓶を入れて輸送をすると、どうしても空間が発生してしまいます。しかし、パウチ酒は形状の柔軟性が高いので、段ボール一杯に敷き詰めることができます。容積次第ではありますが、コスト面で見ると2倍以上の効率性が考えらえます。

輸出においては、特に輸送効率の向上が大きなインパクトがあるので、いずれ海外では当たり前にパウチ酒を楽しむ未来がやってくるかもしれません。

ALL ABOUT THE SAKE BUSINESS

6 冷凍日本酒、海を越える

近年、冷凍技術の進化が著しく、特にコロナ禍による内食需要の増加により、多様な料理や素材を手軽に自宅で楽しみたいというニーズが高まっています。

事業者にとっても、販路拡大やフードロス削減、人手不足解消の手段として冷凍技術への期待が高まっています。これにより、大手食品企業からスタートアップまで、多くの企業が急速冷凍技術に投資し、進化が加速しました。

この技術の進歩は日本酒にも波及しています。特に注目されるのが、「液体凍結」という瞬間冷凍技術です。液体凍結は、通常の空気冷凍に比べて非常に早く凍結できる方法で、神奈川県横浜市に拠点を持つテクニカンがこの技術のパイオニアです。

テクニカンの「凍眠」では、マイナス30度まで冷やしたアルコールに食材を漬け、一気に凍結させることができます。この技術で冷凍されたカツオは、生のカツオと食べ比べても差が感じられないほどの品質です。

日本酒においても、この瞬間凍結技術は従来の冷凍技術の課題を解消しました。以前の技術では、冷やすのに時間がかかり、アルコールと水が分離して風味や味が損なわれる、瓶が割れるなどのリスクがありました。しかし、瞬間凍結はこれらのデメリットを解消し、冷凍前の味わいをそのまま楽しむことができます。まさに「時を止める」ことができる技術と言っても過言ではありません。

例えば輸出においては、出荷してから口に届くまで半年以上が必要です。冷蔵のコンテナで運ぶ際には、日本酒の味わいが損なわれないよう、細心の注意を払っています。しかし、凍眠を使えば品質的には輸送期間はゼロとなり、解凍した瞬間に時の流れが再開します。

この技術によって、特に注目されているのが生酒です。蔵で搾ったばかりの生酒のフレッシュな味わいをいかに消費者に届けるかが課題でした。それが凍眠により、国内外を問わず、搾りたての生酒をそのままの品質で提供する道が開けました。

テクニカンは日本酒業界への普及を目指し、「凍眠生酒」プロジェクトを立ち上げました。南部美人や獺祭をはじめ、26の蔵が参画しています。今も国内外で様々なプロジェクトが動き始めています。こうして複数の酒蔵が集まることで、日本酒産業の変革を試みているのです。

もちろん、いいことづくめではありません。コールドチェーンの構築や実際に解凍をさせて使う飲食店への指導など、課題はまだまだ多いのが実情です。しかし、いつでもどこでも美味しい日本酒を飲めれば、日本酒の可能性が広がっていきます。特に海外市場に当たり前に生酒を届けられれば、市場が一気に伸びていく可能性も夢ではありません。

日本酒がより美味しくなる酒器の世界

日本酒を飲む上で、奥深いのが酒器の世界です。

素材という観点で見ても、陶器、磁器、ガラス、木製など様々あります。金属系でもステンレスやチタンなどがあります。形も手に収まるおちょこや、それよりも少し大きいぐい呑みや平盃(ひらさかづき)、升などもあります。

また、日本酒を注ぐ酒器としても徳利や片口(かたくち)、カラフェなどがあります。全国には伝統工芸として、注ぐお酒の温度で絵柄が変わる酒器もあります。

過去を振り返ると、1つの酒器で回し飲みをしていた江戸時代後期から明治にかけては、「盃洗(はいせん)」と呼ばれる酒器を洗うための酒器というのもありました。また、「水入らず」という表現は、親子や夫婦の間には盃洗はいらない、というところから来ています。

これほどまでに多くの酒器が存在する国は、日本のみだと思います。それくらい、日本人にとって酒が文化として根づいている証拠と言えます。ここでは無数にある酒器の中から、私が実際に使っているおすすめの酒器をご紹介します。

①会津塗（福島県）

漆塗りの持つ保湿性により、しっとりとした手触りで、落ち着いた光沢とぬくもりがあります。実際に飲んでみると、お酒の口触りが艶やかになります。手に温度がゆっくりと伝わるため、冷たいお酒でも燗酒でもどちらでも使い勝手が良いです。近年は、ガラスに漆塗りを施したものもあります。

②ステンレス酒器（新潟県）

金属加工で有名な燕三条の職人が作り出した酒器です。日本酒を作るときに使うタンクの多くがステンレス製であることに着目し、「蔵が意図した味わいをそのまま感じることができる」をコンセプトにしています。冷たいお酒との相性が特に良いです。

③砥部焼（愛媛県）

白い磁器に藍色の絵付けがされていて、ぽってりとした厚手の見た目が特徴です。また、どっしりと重量感があり、非常に丈夫で割れにくい作りをしています。飲み方としては燗酒がおすすめで、お酒がやわらかく、穏やかな印象になります。

④萩焼（山口県）

淡い茶色やピンク色の見た目がかわいらしいです。諸説ありますが、毛利藩の御用達だったものを、庶民でも使えるように器の底の台に切り込みが入っているのが特徴です。吸い付くように手に馴染み、常温から燗酒まで幅広い温度帯で楽しめます。

また、長年使っていくと見た目が少しずつ変化していくので、「萩の七化け」と言われることもあります。

⑤唐津焼（佐賀県）

素朴ながらも味わい深い見た目で、土のぬくもりと共に力強さを感じられます。「作り手8分、使い手2分」という言葉があり、使う側に余白を残し、使うことで完成形と考えられています。実際に飲んでみると、やわらかく、まったりとした酒質になります。常備しているお酒を常温で飲むのがおすすめです。

第6章

角打ちに学ぶ酒屋の世界

Chapter 6

The world of sake liquor stores

ALL ABOUT THE SAKE BUSINESS

1 立ち飲みと角打ちの違い

皆さんの街にもある酒屋は、地域に根差したお酒の販売の中心として長年親しまれてきました。酒屋はただお酒を売るだけではなく、地域の交流の拠点という側面があり、その機能の一端を担うのが「角打ち」です。

角打ちとは、酒屋の店内やその一角で、購入した酒をその場で飲むことを指します。江戸〜明治時代にかけては、酒屋の樽に入った日本酒を、升を使って量り売りをしていました。そんな中、買ったお酒をその場で飲みたい人々が、升を使って酒屋で飲んだことが起源と言われています。

角打ちの由来は、量りとして使っていた升の角で飲むからという説があります。北九州が発祥の地とされていて、今でも多くの酒屋で角打ちが楽しめます。

角打ちは端的に表現すれば、「その場で飲める酒屋」であり、酒屋に飲食が備わった形ですが、実は2種類の営業形態があります。お酒だけを売って、一切調理をせず、店頭で簡易的に飲める場合と、飲食店のようにしっかりと調理されたおつまみを提供する場合です。

この2種類は、持っている免許によって違いが生まれます。酒屋を営業するためには小売の酒類販売免許が必要ですが、飲食店には飲食店の営業許可が必要です。

同じように見えるお酒を売るという業態ですが、この2つの免許では提供方法が大きく異なります。それはお酒を売る際にフタが空いているかどうかです。

小売の酒類販売免許は、その名の通り一般消費者にお酒を販売する免許を指します。そのため、メーカーから購入したお酒をそのままの容器で売ることが前提となります。

一方、飲食店でお酒を売る際は、あくまで飲食を前提としたお酒の提供になります。極端な話、提供したお酒を持ち帰って転売されてしまう可能性もあるので、商品状態では販売ができず、一度フタを開けて提供をする必要があります。

同じ立ち飲み屋に見えても、酒屋ではない立ち飲みで缶ビールや小瓶の日本酒を注文した際に、必ず開栓された状態で提供される理由は、免許による制約があるからです。

そのほかの違いとしては、飲食営業許可書を持っていなければ、調理ができません。そのため、あくまで酒屋でお酒とおつまみを買ったお客さんが、たまたまお店の端でそのまま飲んだ、という形式になります。もちろん、2つの免許を両方取得している酒屋もあるので、そうした場ではお酒に合う充実したおつまみが提供されます。

最後に、立ち飲みと比較すると、角打ちは大きなメリットがあります。それは、酒の仕入れのプロが運営をしているので、充実したお酒のラインナップの中から店主自らに選んでもらえる点です。

自分好みのお酒と共に、安価で気軽に一杯を楽しめるのが角打ちの面白さです。

ALL ABOUT THE SAKE BUSINESS

2 日本酒好きはいい酒屋を知っている

コロナ禍を契機として、酒蔵から消費者までに届く商流は大きく変わりました。特に大きいのは、酒蔵直営のECサイトが増え、直接商品を買えるようになったことです。

酒蔵としては、当然ながら直販は利益率が高いですが、ECサイト経由の売上比率は全体の5％を超えればいい方で、主流になっていないのが現状です。それは、依然として酒屋の影響が大きいからです。

私も、酒蔵訪問の折に直接購入する場合はありますが、基本的に自分が自宅で楽しむお酒は酒屋から購入をしています。

では、酒屋の役割とはなんでしょうか。

酒屋はレギュラーのお酒に加えて、季節物のお酒の仕入れを行います。ここで重要なのは、商品だけではなく、今年のお酒の出来栄えや苦労話などの情報も仕入れている点です。仕入れた日本酒情報は消費者へと発信されます。

酒屋でもっともカラーが出るのはラインナップです。日本酒の銘柄は1万種類あるといわれますが、無限に売り場があるわけではないので、酒蔵や銘柄を絞らなくてはなりません。自分が推したい商品や売れる商品をいかに調達できるかが鍵となります。つまり、酒屋は店主の自己表現の場であり、酒のセレクトショップなのです。

それでは、いい酒屋とはなんでしょうか。日本酒好きなら、お店に入った瞬間にいい酒屋かどうかがわかります。私としては次の3つの点を見るようにしています。

①鮮度の高い商品と情報を持っている

新酒、夏酒、金賞受賞酒など、商品として季節限定の酒を取り扱っている場合、いい酒屋である場合が多いです。限定酒をラインナップできるということは、酒蔵から信頼を得ている証拠です。そういう酒屋は商品だけではなく、情報の鮮度も高いです。自分から情報を取りに行くだけではなく、自然と情報が集まってくるのだと思います。

②熱意あるポップや解説がある

酒屋では、テイスティングを提供している一部の店舗を除けば、味を想像しながらお酒を選ぶことになります。その際、助けとなるのが店内のポップや店主・店員の解説です。味わいや特徴が記載されたポップがあれば、納得して購入しやすくなりますし、原料や製法に関する説明があれば、どこに注目して味わえば良いのかもわかります。さらに、口頭で説明いただける酒屋も魅力的です。一を聞いて十を教えてくれる、時にはこちらから聞かずとも熱心に語ってくれる、そんな熱意にあふれたお店は、何度も訪れたくなります。

③ラインナップにこだわりが感じられる

これは少し経験を積む必要がありますが、日本酒好きは商品のラインナップを見ただけで推したいお酒や酒屋の方向性がわかります。例えば「地元の都道府県に特化している」「熟成した日本酒をメインで取り揃えている」「珍しい酒蔵ばかりを扱っている」などです。

そうした酒屋は、無数のお酒の中から商品と情報を絞っている分、他が扱えないようなエッジの効いた商品を持っている場合があります。たとえラインナップが少なくても、情熱が込められた棚を持っている酒屋は、信頼できる酒屋と言えます。

ALL ABOUT THE SAKE BUSINESS

3

いい酒屋がある街は、美味しい居酒屋が多い

お酒と共に美味しい料理を提供する居酒屋は、私たちの生活に欠かせない存在です。しかし、その居酒屋がどのようなルートでお酒を仕入れているかについては、意外に知られていないかもしれません。

居酒屋は、基本的に酒屋からお酒を購入しています。酒蔵から直接購入する場合もありますが、特別な関係がある場合を除いては稀で、2~3つの酒屋と取引をしていることが一般的です。そのため、居酒屋のメニューに並ぶお酒は、どの酒屋から仕入れているかで大きく変わります。

いい酒屋がある街には、美味しい居酒屋が多く存在します。これは、酒屋と居酒屋の間に深い関係があるからです。

いい酒屋がその街にあると、居酒屋は様々なお酒を入手しやすくなります。新酒などの季節限定酒をタイムリーに入手できたり、特別な銘柄を仕入れられたりするので、提供するメニューの幅が広がります。さらに、酒屋からの鮮度の高い情報をお客様に伝えることができ、サービスの質も向上します。こうした居酒屋が増えることで、地域全体の飲食店のレベルが上がります。

また、酒蔵の信頼を得た酒屋は、とっておきのお酒やそれにまつわる情報を調達し、それらを信頼できる居酒屋に提供します。このような信頼のサプライチェーンが街を盛り上げます。

そして居酒屋は、最前線でお客様にお酒を提供するプロです。どんな料理との相性が良いのか、どんな温度で提供すれば喜んでもらえるのか、最前線で得たお客様の声を把握しています。その情報を酒屋にフィードバックすることで、酒屋も成長します。複数の居酒屋からの情報が集まることで、酒屋から居酒屋へより良いペアリングや飲み方の提案ができます。こうした連鎖を繰り返すことで、街全体でお酒のエコシステムが生まれ、美味しい居酒屋が集まる地域へと発展していきます。

酒屋は、地域のお酒の情報発信地であり、蔵元を呼んでの試飲会など、ネットワークの中心として機能しています。地方の酒屋であれば地元の酒蔵と連携し、キャンペーンを行うことで、さらに街の活性化が期待されます。

都心の酒屋であれば、名前の知られていない地方の銘柄の紹介やイベントの開催など、地方にスポットを当てることも可能です。いい事例として、東京・日本橋エリアで新川屋佐々木酒店が中心となり、飲食店などを巡りながら、全国の約50蔵の日本酒が飲み放題で味わえる「日本橋利き歩き」という日本酒街歩きイベントを行っていて、地方の酒蔵の盛り上げに貢献しています。

このように酒屋は、地域の飲食店および酒屋と連携し共存をすることで、街の飲食を豊かにする重要な役割を果たしています。

ALL ABOUT THE SAKE BUSINESS

4

流通の影の立役者「酒卸業」とは何か

お酒の流通を語る上で、酒卸業は欠かせません。
酒卸業は、業務用酒販店や酒問屋などの呼び方があります。具体的な社名を挙げると、「やまや」「カクヤス」「リカーマウンテン」などがあります。すでに今挙げた名前の店舗でお酒を買ったことがあるかもしれません。

酒卸の機能は、大きく２つの顔があります。
１つは、街の酒屋にお酒を販売する「卸業社」の顔です。酒蔵からお酒を仕入れて、酒屋・スーパー・コンビニエンスストアなどの「小売販売店」に販売するのが仕事です。「酒屋の酒屋」と考えるとわかりやすいと思います。

現在、大小合わせて約２５０の会社が、酒類卸売業の免許を持っています。この仕事をするためには、「酒類卸売業免許」という資格を取得する必要がありますが、免許の新規取得のハードルが極めて高いです。そのため古くに創業した老舗が多いのが特徴です。

もう1つは、お酒を飲む場所や一般の消費者に販売する「小売業」の顔です。特に、お酒を取り扱う「飲食店」にお酒の販売を行う業者を「業務用小売業者」と言います。「業務用小売業者」がお酒を販売することを「飲食店に卸す」と表現をする場合があります。こう表現すると、酒類卸業免許が必要と誤解をされてしまうこともありますが、必要な免許は「酒類小売業免許」で、「業務用小売業者」は業界の商習慣による区分で、法律に明記されているわけではないです。

「酒類卸業者」と「業務用小売業者」はそれぞれ資格が異なり、できる業務も異なります。多くの酒卸業者が両方の免許を持っており、一般の消費者に売るための店舗を持っているケースが多いです。

さて、この酒卸業ですが、酒類の流通において重要な役割を果たしています。消費者に見えず、メーカーと酒屋の中間に位置する存在であるため、「中抜き」と言われる場合もあります。しかし、酒卸が存在することで、私たち消費者は大きなメリットを享受しています。

まず、酒卸業者は大量のお酒を一括で購入するため、生産者からの仕入れコストを抑えることができます。そして、それぞれの酒屋や飲食店のニーズに合わせて、きめ細かく商品を分配する機能を持っています。

さらに、メーカーがやりたくてもできない、地域ごと・エリアごとの商品配送を行いつつ、現金の回収も行います。金流・商流・物流のすべてにおいて、要となる存在が酒卸業者なのです。

人体で例えるのであれば、酒卸業者は大動脈から全身の指先まで血液を運ぶ血管のような、なくてはならない役割を担っています。

私たちが適正価格でいろんなラインナップのお酒を入手できるのは、酒卸業者が活躍をしているからなのです。

ALL ABOUT THE SAKE BUSINESS

5 お酒のラベルには何が書かれているのか

酒屋で商品を選ぶ際、重要な情報源はラベルに記載されています。ラベルには、お酒の特性や製造方法など、味わいのヒントが詰まった情報の宝庫です。

ラベルには大きく、「必須記載項目」と「任意記載項目」に分かれます。

○必須記載項目

ラベルに必ず表示しなくてはならない項目は、「①原材料名」「②製造時期」「③アルコール度数」「④保存または飲用上の注意事項」「⑤製造者の氏名または名称・製造上の所在地」「⑥容器の容量」、そして「⑦清酒または日本酒」の記載です。

まず「①原材料名」は、水を除き、日本酒を構成する上で使用量の多い順に記載されます。基本的に純米酒であれば「米、米麹」と書かれています。もし、ここに「醸造用アルコール」と書かれていれば、純米酒と名乗ることはできません。

また、単に「米」ではなく、山田錦やササニシキなど具体的な米の品種が書いてあれば、造り手側としては、その米の味わいを意識的に味わってほしいという強い想いを読み取ることができます。

「②製造時期」は誤解が生じやすい項目です。製造時期は製品として完成し、販売ができるタイミングを指すため、瓶に詰めた年月になります。日本酒を実際に造った時ではないので注意が必要です。例えば２０２０年１月に造ったお酒を２０２４年７月に瓶詰した場合、「２０２４年７月」と表記されます。なかには、任意で実際に造った年月を書く酒蔵もあります。

「③アルコール度数」は飲みごたえの目安となります。一般的に流通している日本酒のアルコール度数は15～16％前後です。ワインの場合、白ワインが12％前後、赤ワインが14％前後なので、日本酒のアルコール度数はやや高めです。なかには、どっしり感を重視した20％の原酒や、近年は12％のライトなものもあり、他のアルコール類と比べてもかなりレンジが広いので、チェックが必要です。

○任意記載項目

大吟醸や純米酒など、お酒のスペックを示す特定名称や、生酒・生原酒・無濾過・山廃（やまはい）や生酛（きもと）など、お酒の特徴を示す項目、日本酒度や酸度の成分表記は任意表記です。

特定名称は、「純米大吟醸」「純米吟醸」「特別純米」「純米」「本醸造」などを記載することもできますが、あえて表示しない場合もあります。また「特別」は、特別に山田錦を使っているなど、何らかのサービスを酒蔵が行っているときに使える名称で、その基準は酒蔵に委ねられています。

日本酒度は「＋5」や「－10」と表記されますが、これは甘口か辛口かを見分ける目安です。プラスなら辛口、マイナスなら甘口を意味しますが、絶対的な指標ではありません。＋10を超えたら辛口、－10以下だったら甘口程度という認識で大丈夫です。

酸度は、味の濃淡の目安です。平均は1・3程度で、酸度が高いほど濃く感じ、酸度が低いほど淡く感じます。

アミノ酸度は、複雑さの目安です。アミノ酸度1・3の日本酒と比較して、1・6の方が複雑で濃醇に感じるとされています。ただし、アミノ酸度が高すぎると雑味の原因にもなり得ます。

ALL ABOUT THE SAKE BUSINESS

6 日本酒の賞味期限はいつなのか

「日本酒の賞味期限はいつなのですか？」は、非常によく聞かれる質問です。

結論としては、日本酒には比較的高いアルコールが含まれており、アルコール殺菌の効果があるので、開封しなければ腐敗はほとんど考えられず、賞味期限もありません。

なお、ビールは日本酒よりアルコール度数が低いので、賞味期限があり、缶の底に書いてあることが多いです。大手メーカーのビールは9カ月〜12カ月です。

ビールは賞味期限が過ぎても容器密封されていれば、衛生的に問題ありません。ただし、クラフトビールは1カ月など、期限が短い場合があるので注意が必要です。

日本酒も開封前であれば10年以上経っていても体に害はなく、理論上はどれだけ時間が経過しても飲むことができます。

ただし、10年以上経った日本酒が、蔵から出荷された時の味わいと同じというわけではありません。徐々に熟成が進み、味や色が変化していきます。
つまり、日本酒には賞味期限はありませんが、味が変化せずに美味しく飲める期限はあるということです。そこで、味を変化させずに美味しく飲む、という観点でおすすめの保存方法をお話しします。

○開封前

一般的に日本酒は、長持ちをさせるために加熱殺菌を行っています。これを業界用語で「火入れ」と言います。「火」という言葉を聞くと、日本酒を直火で沸騰させているようなイメージがあるかもしれませんが、実際は60〜65℃で湯煎をします。これによって、お酒の中に残っていた菌が死滅し、酵素の働きを止めることで、味や香りの変化を抑制できます。

しかし、生酒の場合は火入れをしないので、微生物がお酒の中に残っています。そのため、味が変化をしてしまう可能性が高くなります。

温度が高いと菌も活発に働いてしまうので、ラベルに「生酒」と明記されているものは、冷蔵庫に直行で保管するようにしてください。

購入して未開封であれば、生酒なら1か月以内、それ以外の日本酒なら半年以内で飲み切るのが目安となります。

また、同じ生酒でも「大吟醸」「純米吟醸」など、吟醸と名の付くものは火入れをしていても冷蔵庫に入れておいた方が良いです。こうした繊細なお酒は、味が変化することで全体的にバランスが崩れやすいためです。また、フルーツのような華やかな香り、爽快な味わいを楽しむためには、冷やした方が良いです。

酒屋やスーパー、コンビニに常温で並んでいる日本酒は、常温での保管で問題ありません。ただし、第5章でも述べた通り、日本酒にとって紫外線は大敵です。

また、温度変化が少ない方がいいので、戸棚や押し入れなど冷暗所で保存するのがおすすめです。目安としては20℃くらいが理想です。

なお、日本酒はワインのように寝かせて保存をして良いかと聞かれることがありますが、縦にした状態での保存がベストです。理由は、日本酒は酸化によって味が変化しやすく、横に寝かせると空気に触れる面積が大きくなってしまうからです。

ただし、一般家庭の冷蔵庫のスペースを考慮すると、何本も縦置きするのは現実的に難しいです。私は、空気に触れるよりも温度の影響の方が大きいと考えているので、どちらかと言えば常温の縦置きより、冷蔵庫の横置きをするようにしています。

◯開封後

開封後は、生酒から一般的なお酒にかかわらず、どんな日本酒でも冷蔵庫での保存をおすすめします。開封後は酸化が進み、味が変化し始めるからです。開封をしてからであれば、生酒は1週間以内、それ以外は1カ月程度で飲み切るのが理想です。

ただし、酸化は必ずしも悪いことではありません。極端にいうと、最終的には紹興酒のように色がつき、醤油っぽい独特の味わいになりますが、お酒によっては「あえて寝かせて」味を変化させると味わい深くなる場合もあります。

味に角が取れたり、旨味が増したりと味が乗って美味しくなるものがあるのが、日本酒の面白いところです。熟成肉に旨味が出てくるのと同じイメージです。

もちろん酒蔵としては、出荷のタイミングが狙った味わいになるので、早めに飲んでほしいところですが、消費者としては自分好みに味を変化させる楽しみもあります。

私の飲み仲間には、あえて生酒を常温で自宅に置いて熟成させるツワモノもいます。また、酒屋でもあえて寝かせて熟成した秘蔵のお酒を持っているお店もあります。

まずは、自分で1本買ってみて、少しずつ飲みながら自身の好みの熟成具合を探ってみると、日本酒の楽しみが一気に広がるのではないでしょうか。

季節ごとの日本酒の選び方

日本が世界に誇れるものの1つに、「四季の移ろい」があります。そして、日本酒も季節によって楽しみ方が変わります。1年中楽しめる定番の味わいがある一方で、その時季にしか味わえないお酒もあります。

日本酒づくりは、秋に原料となる米の収穫を終えてから、10月頃に造りはじめるのが一般的です。10月1日が「日本酒の日」とされているのは、酒づくりがはじまる季節を祝う由縁です。

ここからは、季節ごとの日本酒について解説します。

冬：しぼりたて、新酒

日本酒は概ね1カ月～1カ月半で完成するので、11月～12月頃にその年に造ったばかりの新酒が出回り始めます。出来上がってすぐの日本酒は、発泡感が残っているものもあり、フレッシュさが特徴です。

なかでも、目の粗い布で絞った「にごり酒」は、雪を彷彿（ほうふつ）とさせる見た目から、冬場に人気のお酒です。お正月などハレの日にもぴったりです。

また、暦の上での春になったことをお祝いする「立春朝しぼり」という1日限定で搾った新酒もあります。毎年2月4日の朝に搾り、すぐに瓶詰めをしてその日に店頭に並びます。

春：春酒

ピンク色のボトルやラベルをあしらった日本酒は、春を思わせる華やかな香りのお酒が多く見られます。また、春の日本酒は少し苦味もあるため、ほろ苦い食材とも相性が良く、一緒に味わうことで舌から春の訪れを感じることができます。

また、発酵するとお酒がピンク色になる赤色酵母(せきしょくこうぼ)を活かした「桃色にごり酒」も、見た目の華やかさから近年人気が出てきています。クリーミーな舌触りと、ほんのりと感じる酸味が特徴です。

5月末頃には、全国新酒鑑評会の発表があるので、入手困難ではありますが出品酒や金賞受賞酒が販売されるのもこの時期です。

夏：夏酒

夏になると、青や水色など、見るだけでも涼しくなるボトルやラベルが店頭に並びます。実は、「夏酒」は特に決まった定義はない比較的新しい言葉です。氷を入れてロックで楽しめるような濃い目の日本酒や、反対にアルコール度数が低めのすっきりしたタイプなど、蔵によって様々な日本酒が出されます。

ちなみに、俳句では「にごり酒」が夏の季語であるため、「夏のにごり酒」を出す酒蔵も比較的多く見られます。

秋：ひやおろし、秋あがり

秋になると、冬から春先に出来上がったお酒が、ひと夏の熟成を経て、カドが取れてまろやかな味わいになります。

「ひやおろし」と「秋あがり」は、厳密には定義が異なります。

通常、日本酒は2度の火入れを行いますが、ひやおろしは2回目の火入れをせずに生詰め（なまづめ）と呼ばれる状態で出荷します。瓶詰め前の火入れをしない（＝冷や）のまま、出荷する（＝おろす）ので、ひやおろしと呼ばれるようになったと言われています。

秋あがりは、火入れなどは関係なく、秋が飲み頃の日本酒です。特にルールがないので、酒蔵ごとに個性が出るのも特徴です。

爽やかな冬や春の新酒も良いですが、たっぷりとうまみが乗った味わいを楽しめるのも、日本酒の奥深さを感じるところです。秋のサンマとの１杯はたまりません。

また、秋の日本酒はお燗に向いている味わいが多いので、秋の涼しい夜長にぴったりです。

第7章

ワインに学ぶ日本酒の楽しみ方の世界

Chapter 7

The art of enjoying sake

ALL ABOUT THE SAKE BUSINESS

1 日本酒とワインの共通点と違い

日本酒とワイン、この2つはよく並べて比較をされることが多いお酒です。そこで第7章では、改めて日本酒とワインの共通点や違いを見ていきます。

お酒には大きく分けると、原料を酵母の力で発酵させる「醸造酒」と、醸造酒をさらに加熱して蒸発させてアルコール分を取り出す「蒸留酒」の2つに分けられます。お酒の種類としては日本酒とワインは醸造酒で、ビールもこの中に入ります。一方、蒸留酒は焼酎やウイスキー、ウォッカ、ラム、ジンなどです。

同じ醸造酒の中でも、日本酒とワインで決定的に異なるのが発酵方法です。

前提の知識として、発酵させるには糖分が必要で、酵母がこれを食べることで、アルコール発酵をします。ワインの原料であるブドウには糖分が含まれているので、酵母を加えるだけでアルコールになります。これを「単発酵」と言います。

しかし、日本酒の原料である米は、そのままでは糖分になっていないので、一度糖分にする必要があります。ここで、麹菌の出番です。米が麹になることで糖分になります。これを「糖化」と呼びます。

見どころなのは、「糖化→発酵」という2段階ではなく、麹と酵母に米を足しながら糖化と発酵を同時に並行して行う点です。これを「平行複発酵」と言い、世界のお酒の中でも唯一無二の発酵方法です。

アルコール度数で比較をすると、白ワインは10〜13％、赤ワインは11〜15％です。これに対し、一般的な日本酒は15〜16％で、ワインよりも少し高めです。

また、ワインには「テロワール」という概念があります。土地を意味する「テラ」から派生した言葉で、端的に言えばブドウの育った「自然環境要因」のことです。日照時間・気温などの気象条件や、平地・斜面、水はけなどの地形の特徴など、どんな土地で育ったブドウなのかが重要視されます。ワインを学ぶことは地球そのものを知ることに近いのです。

これに対して、日本酒も近年ではテロワールの考え方が導入され、その重要性が認識されています。一般的には米の栽培地や、酒づくりの水質などを言いますが、私は日本酒におけるテロワールは水と考えています。というのも、米は貯蔵と移動ができますが、水は簡単には動かすことができないので、もっとも自然環境要因を反映しているからです。

ほかにも、ペアリングや熟成、ビンテージなど、本章では日本酒とワインとの比較を行っていきます。

早くから世界で戦ってきたワインから学ぶことは本当に多いです。決して卑下するのではなく、比較によって日本酒ならではの魅力を感じ取っていただければと思います。

ALL ABOUT THE SAKE BUSINESS

2 なぜ日本酒ペアリングが注目されているのか

この数年で「ペアリング」という言葉が日本酒業界にもかなり浸透をしてきました。料理とお酒を組み合わせるペアリングコースを提供するレストランも増えました。

ペアリングとはワイン用語で、相性の良い料理とお酒を組み合わせることを指します。似た言葉にマリアージュがありますが、これは化学反応のような爆発的な組み合わせが起こった時に使います。マリアージュに対して、ペアリングはもっとカジュアルなイメージで捉えてもらえれば大丈夫です。

これまで、日本酒は特定の食材や料理との相性について言及されることはありませんでした。そもそも米由来の日本酒は、どんな料理とも相性が良いので、あえてペアリングという概念は意識されてこなかったのです。

その流れが大きく変わったのが、2013年の東京オリンピック・パラリンピックの開催決定と考えられます。滝川クリステルさんの「お・も・て・な・し」のフレーズに象徴されるように、海外旅行者に食事を楽しんでもらえることを目指し、ペアリングを意識した日本酒が続々と登場し始めました。

このとき意識されたのがワインでした。欧米人は料理とお酒は「ペアリングをしてこそ意味がある」という意識があるそうで、コース料理では1品ずつ料理との相性が良いワインが提供されます。前菜のカプレーゼには軽めの白、クリームパスタには重めの白、肉料理には重めの赤ワインといった具合です。

日本酒を使ってコース料理を成立させようと考えた場合、どうしても力強い肉料理には味が繊細過ぎて負けてしまっていました。そこで、肉料理との相性を狙った日本酒が誕生しました。そのときのキーワードが〝酸〟です。

ワインと肉料理がなぜ相性が良いかというと、脂を切ってくれる酸があるからです。しかし実は、2010年頃までの日本酒は、高すぎる酸はあまり良くないものとされてきました。日本酒の味わいを参考にする数値として「酸度」というものがありますが、当時は2を超えてはならないとされており、2を超えていたら腐造品(ふぞうひん)として失敗したものと考えられていたからです。

しかし、肉に合せるために意図的に酸を高める製法が使われはじめ、酸味の効いた日本酒が生まれました。なかには酸度が4という、昔ではなかった商品も登場しました。

こうして日本酒における酸に注目が集まるようになり、それ以降研究も進みました。一口に〝酸〟と言っても、日本酒には乳酸、クエン酸、リンゴ酸、コハク酸などが含まれており、どの酸が強調されているかによって合わせる料理が変わります。

例えば、柑橘類に多く含まれるクエン酸を多く含む日本酒は、揚げ物や肉料理に合わせるといったイメージです。日本酒は、製法によって酸をコントロールできる強みがあることに気づき、積極的に様々な酸の組み合わせを表現する酒蔵も出てきました。

さらに、白ワインでも赤ワインでも魚との相性はそれほど良くないと言われますが、日本酒は臭みを消す効果があるので、ペアリングを提供する側から見ると選択肢が大幅に広がりました。

こうした中で、日本酒ペアリング専門店がいくつも誕生しました。また、実際にペアリング専門店を営む千葉麻里絵さんが日本酒造組合中央会理事の宇都宮仁さんとの共著で2019年に刊行された『最先端の日本酒ペアリング』（旭屋出版）は、日本酒だからこそできるフードペアリングをロジカルに解説し、「日本酒ペアリング」という言葉が広まるきっかけとなりました。特に、咀嚼をしながらお酒を飲むという日本人ならではの「口内調味」にフォーカスした点は、非常に斬新な1冊でした。

現在も日本酒ペアリングの専門店は増えています。私も、様々なお店に出向くたびにいつも驚きと発見があり、ワクワクさせられます。読者の皆さんには日本酒の無限の可能性に気づける日本酒ペアリングをぜひ一度体感いただきたいです。

ALL ABOUT THE SAKE BUSINESS

3 なぜ日本酒にはビンテージがないのか

ワイン・ウイスキーといった洋酒や紹興酒など、熟成して楽しむお酒は西洋東洋に限らずにたくさんあります。時間をかけて熟成をさせることで風味が豊かになり、独自のキャラクターを持つようになります。

特にワインにおいては「ビンテージ」という言葉があります。ビンテージとは、ワインの原料のブドウが収穫された年を示し、例えば「２０２２」という表記があれば、２０２２年に収穫されたブドウで造ったワインであることを意味します。

ワインに製造年を記載する目的の１つは、当たり年とハズレ年を把握するためです。当然ですがブドウは果物なので、気温や降水量など天候に大きく左右されます。雨が多く、ブドウを思うように生育できなかった年や、反対に天候に恵まれた年など、気象条件がそのままワインの味わいに反映されます。ビンテージを見ればブドウの収穫したタイミングがわかるので、どんなワインかを判断することができます。

もう1つの目的は、ワインが製造からどのくらいの期間が経過したのかを知るためです。何年寝かしたかがわかれば、熟成の度合いもイメージができます。

日本酒にも「酒造年度」というビンテージに似た制度があります。7月1日から翌年の6月30日までを酒造年度とします。酒造年度は和暦で表記される場合が多く、例えば瓶にR6BYと記載があれば「令和6年の7月1日〜令和7年の6月30日の間に造ったお酒」ということが読み取れます。表記は任意で、書いていない場合もあります。

なお、BYは「Brewery Year」の略で、酒造年度を意味します。定義上は、この酒造年度の期間内のお酒であれば新酒、それより前の年は古酒になります。

ただし、近年では冷蔵技術の発達もあり、1年ではあまり変化せず、古酒とは呼びづらくなりました。明確な年数はありませんが、参考までに小売店や流通業者、酒蔵などで構成される長期熟成酒研究会では、満3年以上蔵元で熟成されるなどの条件を満たしたものを「熟成古酒」としています。

酒造年度はビンテージ同様、寝かした経過時間を読み取る機能を持ちます。しかし、米の出来映えを見る機能はありません。ビンテージが〝ブドウを収穫した年〟を示すのに対し、酒造年度がお米を収穫した年ではなく、〝お酒を造った年〟を示していることからも読み取れます。

なぜなら、米はブドウと比べると相対的に天候による影響は少なく、その酒蔵で長年受け継がれた味わいを変わらず造り続けるという考え方があるからです。

日本酒は嗜好品であると共に、調味料の側面もあります。例えば、同じブランドのみりんの味わいがその年やロットによって変わってしまうと、料亭やレストランは都度レシピを見直す必要が出てきます。同じ味わいだからこそ安心してそのブランドを使い続けることができます。

それと同じで、酒造年度を超えても、その酒蔵ならではの味わいを目指すのは、日本酒が晩酌や食事の場において安定した味わいが求められるからではないでしょうか。

ALL ABOUT THE SAKE BUSINESS

4

日本酒をワイングラスで味わう

最近では、日本酒をワイングラスで提供する飲食店が増えてきました。見た目はおしゃれですし、洋風な店舗にはワイングラスが非常になじみます。

その半面、日本酒にはおちょこやぐい飲みを使い慣れている方からすると、少し違和感を覚えるかもしれません。私も最初は、まるで平たいスープ皿で味噌汁を飲むような、文化的なギャップを感じていたこともありました。

しかし、今ではシチュエーションや用途に合わせてワイングラスを使うようになりました。それは、ワイングラスで飲むメリットに気づいたからです。

前提として、酒器が変わると同じお酒でも味わいや香りが面白いほど違って感じます。おちょこやワイングラス、コップなど形状だけではなく、陶器や漆塗りなど材質が変わっても味わいが変わります。

その上で、なぜ日本酒をワイングラスで飲むのかというと、他の酒器に比べ、香りと味の解像度がまるで違うからです。おちょこだと少量でもなみなみでも、鼻を近づけても香りはほとんど感じ取ることができません。しかし、ワイングラスに鼻を近づけると花が開いたように、米の甘い香りやフルーツのような爽やかな香りを感じ取ることができます。さらに、ワイングラスの方が味わいも口の中に広がっていきます。そして、見えなかったお酒の隠れた香りやほのかな味わいも感じ取ることができます。

まるでメガネやコンタクトレンズをつけた瞬間のように、今までぼんやりしていた景色がクリアに見えて、細かいところも一気に気になり出すような感覚です。

特に最近では、フルーツのような香り高いもの、酸味の強いもの、繊細な口当たりのものなど種類が増えているので、ワイングラスで飲むとそのお酒の良いところを可能な限り知れるのが最大のメリットです。

一言にワイングラスと言っても、シャンパングラスのような細長いものから、横に幅広いブルゴーニュグラスまで形は様々です。私がおすすめする形状は、一般的にイメージされるような卵型のワイングラスで、高さがあるほど香りを感じやすいです。

　さらに最近では、日本酒専用のワイングラスも見られるようになりました。例えば、世界的に有名なワイングラスメーカー「ＲＩＥＤＥＬ（リーデル）」が開発した日本酒専用グラスは、日本酒のタイプ別に「大吟醸」「純米酒」があります。

リーデル社は、ブドウの品種ごとに理想的な形状をデザインするワイングラスのパイオニアです。しかし、純米酒グラスの開発には8年もの時間を要したそうです。それほど、日本酒が繊細な飲み物と言えるかもしれません。

では、すべてワイングラスが良いかというと、味や香りを感じるといった機能的な側面では優位性があるものの、文化的な面ではおちょこやぐい飲み、平盃（ひらさかづき）の方がしっくりきます。

　日本酒の器は時代に合わせて形を変えてきました。ワイングラスという選択肢を持ちつつ、自分にしっくりくる酒器で日本酒を楽しんでみてください。

5

日本酒を温めるということ

日本酒を楽しむ上での魅力の1つが「温度」です。温度という点において、日本酒ほど幅広く、しかもグラデーションが豊かなお酒は他にはありません。なぜなら、日本酒は5℃で味が劇的に変化し、さらにそれぞれの状態に名称があるからです。

日本酒を飲むときの温度は、大きく冷酒、常温、燗酒（かんざけ）の3つに分かれますが、冷酒は「雪冷え（ゆきひえ）（5℃）」「花冷え（はなひえ）（10℃）」「涼冷え（すずひえ）（15℃）」のように細分化されます。また、燗酒は「日向燗（ひなたかん）（30℃）」「人肌燗（ひとはだかん）（35℃）」「ぬる燗（40℃）」「上燗（じょうかん）（45℃）」「熱燗（あつかん）（50℃）」「飛び（と）切り燗（きかん）（55℃）」と、冷酒よりもさらに名称が細かくなります。なお、よく耳にする「ぬる燗」ですが、お風呂に入る温度と同じと覚えておくとわかりやすいです。

最後に、常温についてですが、別名を「冷や」と言います。これは冷蔵庫がなかった時代の名残で、日本酒は温めて提供するか、常温かの2択だったためです。今は冷蔵管理をしている飲食店がほとんどなので、少し紛らわしい分類と言えます。

ワインの飲む温度としては、ブドウの品種やタイプによりますが、スパークリングが6～8℃、白ワインが6～10℃、赤ワインが12℃～20℃とされています。ここでポイントは、赤ワインは20度以下という点です。一般的な室温が23～28度であることを考慮すると、常温より冷やして飲むことが必要とわかります。

また、燗酒に相当するもので、ホットワインという楽しみ方もあります。ホットワインは、寒い時期に体を温めるための飲み物という面が強く、直接鍋で火にかけることもあります。温めたワインにシナモンやクローブなどのスパイスをお好みで加えたりします。そして、温めるのは安いワインの場合がほとんどです。

日本酒は、味や料理との相性を楽しむために夏でも燗酒で飲む人がいます。「酒は純米、燗ならなおよし」という名言があるほど、日本酒好きにとって燗酒は愛されていることがうかがえます。燗酒の世界は使う道具や温め方などが非常に奥深く、沼と言われるほど流派が様々です。

シンプルに湯煎をする場合もあれば、せいろを使って蒸す「蒸し燗」、燗を付けたお酒を急冷する「燗冷まし」など、お店や人によってバラエティに富んでいます。

知る人ぞ知る燗酒専門の日本酒ペアリング専門店「髙崎のおかん」（東京都目黒区）の髙崎丈さんは、熱伝導率の違いを活かし、お酒によって銅や錫、ガラスのビーカーなど道具を巧みに使い分けて燗酒を提供します。

私がよくやっている、自宅でお燗をする場合の簡単な方法を教えます。

まずは、沸騰させた鍋に徳利を入れてお酒を湯煎します。なければマグカップや湯呑でもＯＫです。外側から底を触って熱くなったら飲みごろです。お酒を水から一緒に温めると、気が抜けた味になりやすいので、私はこのやり方が好みです。面倒なら電子レンジでもＯＫです。

最後に、燗酒を飲む際は平盃がおすすめです。お酒を注いだ瞬間に香りが広がる上、飲むときにはお酒が左右にも広がりやすく、舌全体で燗酒の美味しさを感じられるので、ぜひお試しください。

ALL ABOUT THE SAKE BUSINESS

6

酒はブレンドしても良いものなのか

「日本酒は、単一で混じりけのないものが良いものである」

そんなイメージがある方もいらっしゃると思います。ブレンドと聞くと、「酒蔵が丹精込めて造った日本酒を混ぜるなんてとんでもない」といった声が聞こえてきそうです。

日本酒業界には生一本（きいっぽん）という言葉があります。これは単一の醸造所で造られた純米酒を指します。ウイスキーでは、1つの蒸留所で造られたモルトウイスキー原酒のみを瓶詰した商品を「シングルモルト」と呼びますが、「生一本」は日本酒におけるシングルモルトと言えます。

現代の生一本は、蔵元ごとに銘柄を造られていますが、そうではない時代もありました。

1970年代までは「桶買い・桶売り」、つまり、大手の蔵元が小さな蔵元の日本酒を買い取ってブレンドし、自社銘柄として出荷を行うことは珍しくなかったのです。混ぜ物というネガティブな見方もありますが、大手のブレンド技術と小さな蔵元の醸造技術を高めていた面もあります。

ブレンドによって、味を紡ぎ続けている最たる例が剣菱（けんびし）酒造（兵庫県）の「剣菱」です。300本を超えるタンクの個性を熟知したブレンダーが、必要な味を見極めてブレンドすることで、「その年の剣菱」を「いつもの剣菱」へと昇華させ、味を造り上げる職人技です。

ワインにおいても、実はブレンドが行われる場合があります。

フランスワインの二大銘醸地と言えば、ボルドーとブルゴーニュです。海に近いボルドー地域は、年間を通して温暖かつ降雨量が多い土地で、ブドウの栽培地として最適な土地でありながらも天候不順のリスクがあります。

そこで、ボルドーではアッサンブラージュが行われています。アッサンブラージュとは、日本語でいうと「組み合わせ」で、ブレンドを意味する言葉です。

ボルドーのワインは基本的に、いろいろなブドウ品種のワインをブレンドしてバランスをとりながら個性を生み出します。これは、各ブドウ品種の出来に合わせてブレンドの比率を変えることで、１つの品種への依存を避けることができるという、リスクヘッジの役割も果たしています。
気候変動が激しいボルドー地方ならではの手法で、単一品種でワインを造る天候が比較的安定している内陸のブルゴーニュ地方とは対照的です。同じフランスでも、シャンパンでおなじみのシャンパーニュ地方でもアッサンブラージュが認められています。

日本酒業界にアッサンブラージュの技法を取り入れて生まれたのが、富山県の「IWA 5」です。この技法を持ち込んだのは、高級シャンパン「ドン ペリニヨン」を28年間手がけた元醸造最高責任者のリシャール・ジョフロワ氏です。ジョフロワ氏は、シャンパンで培った技法を日本酒に応用し、あらかじめ設計された酒質を実現するために、異なる酒質の酒を複数作り出し、それらを組み合わせることで新たな味わいを創造しています。これにより、既存のブレンド技法とは異なるアプローチが可能となりました。

アッサンブラージュが1つの価値と認められたことは、業界へのインパクトとしては大きいです。今後付加価値を向上させる手段として、ブレンドを積極的に取り入れるプレイヤーが増えるかもしれません。

唎酒師とソムリエの違い

唎酒師(ききさけし)とソムリエは、それぞれ日本酒とワインの専門家として知られています。

様々な資格がある中で、私は日本酒については唎酒師の国際資格である国際唎酒師と、サケディプロマを持っており、ワインの方ではワインエキスパートの資格も持っています。ワインエキスパートは、ワイン提供の実技がないのみで、ソムリエとほぼ同じ知識が求められます。

この中で、おそらくもっとも耳なじみのない資格が「サケディプロマ」だと思います。

ソムリエ、ワインエキスパート、そしてサケディプロマはJ．S．A．（一般社団法人日本ソムリエ協会）が資格認定を行っており、現在の会長は田崎真也氏が務めています。

サケディプロマは「皆さまが日本酒・焼酎に関する知識を深め、技量を向上させることが、日本の食文化のより一層の普及と向上につながる」という考えから、日本酒に特化した認定制度として日本ソムリエ協会が2017年に新設しました。

唎酒師および国際唎酒師は、SSI（日本酒サービス研究会・酒匠研究会連合会）が資格制度の運営を行っています。

唎酒師は、様々な受験方法があります。日本酒に興味があれば資格を取ることができ、通信でも取得可能です。そのため、正直に申し上げると、唎酒師同士でも知識量にかなり差があり、説明の仕方も感覚的な部分があり個人差があります。

一方でサケディプロマは、1年に1回しか受験できず、2次試験ではテイスティング試験や筆記試験もあります。そのため難易度が高く、合格者は一定水準以上の知識とテイスティングスキルが担保され、説明もロジカルで比較的再現性が高いと言えます。

つまり、サケディプロマの方が総合的なスキルは高いのですが、唎酒師の方が圧倒的に知名度は高いため、唎酒師を持っていた方が便利な場面はたくさんあります。

余談ですが、私が日本酒以外にワインの資格を持っている理由は、友人のソムリエたちとの会話がきっかけでした。

とある飲み会でソムリエAが、先週飲んだワインがこんな味だったと話しました。すると、ソムリエBが飲んだことのないワインに対してブドウ品種を的確に答え、またそれに合う料理を提案し、2人で議論をし始めたのです。このやりとりには本当に驚かされました。ソムリエは、しっかりと知識が体系化されており、きちんと言語に落とされていることに気づきました。

しかし、そのソムリエたちは意外にも日本酒は用語や造りが複雑で、なかなか理解しづらいという話を聞きました。もし、自分にソムリエの知識があれば、これまでの日本酒の知識とサケディプロマのスキルを応用することで、日本酒とワインの通訳ができるかもしれないと考え、資格の取得を決意しました。

結果的に「酒米の五百万石は、ブドウ品種で言えばソーヴィニヨン・ブラン」といった具合に、知人のソムリエやワインユーザーに対してわかりやすく説明ができるようになりました。

さらに、日本酒ビギナーの方にも今まで以上に様々な角度からお話ができるようになりました。常にわかりやすく説明することを心がけている身としては、今持っている資格はどれも取得してよかったと思っています。

お酒をわかりやすく人に説明したい、知識を身につけたいという方は、自分に合った資格にまずチャレンジしてみることをおすすめします。

第8章

海外に学ぶ SAKEの世界

Chapter 8

The world of sake abroad

ALL ABOUT THE SAKE BUSINESS

1 最先端だったハワイのSAKEづくり

海外にSAKEが広まった背景として見逃せないのが「現地での生産」です。SAKEの生産は日本人の移民の歴史と密接に関連しています。その始まりは1800年代末のハワイにまでさかのぼります。

○ハワイでの酒づくりの始まり

日本人が初めてハワイへ集団移住をしたのは明治元年の1868年と言われ、急増するサトウキビ農園や製糖工場で働く労働者を確保するためでした。

ほとんどの移民は独身男性だったので、日本酒を飲むことは日常の一部でもありました。過酷な農園労働の気晴らしに、日本酒は欠かせないものだったのです。そのため、

１８９０年までには輸入品として日本酒が手に入るようになりました。

そして、非常に多くの日本酒がハワイで飲まれるようになった結果、ワインの消費量が伸び悩んでしまったために、日本酒に高い関税がかかりました。そこで、輸入ではなく現地での酒づくりが検討され、１９０８年にハワイ初のＳＡＫＥ醸造所「ホノルル日本醸造会社」が設立されました。

ハワイの暑さは酒づくりにおいては不向きだったので、醸造所は冷房付きで建設されました。今となっては広く見られますが、冷房完備の醸造所は当時としては日本のどの酒蔵よりも早く、世界初の試みでした。ホノルルが世界最先端の清酒技術を導入していたというのは驚くべき事実です。

なお、当時の銘柄は「宝島」で、ラベルにはフラガールの絵が描かれています。

その後、１９１８年に始まった禁酒法時代においては、ＳＡＫＥではなく製氷業を営むことで乗り切り、１９３３年に禁酒法が明けると、ＳＡＫＥ醸造所を建設する動きはアメリカ本土や南米にも次々に広がっていきました。

○南米での展開

南米にも多くの日本人移民が渡り、例えばブラジルへの移民は１９０８年に始まりました。1920年ごろには個人で「どぶろく」などを醸造していましたが、企業として初めてブラジルでSAKEを造ったのは1935年に創業した「東山農産加工」でした。

この企業は、三菱の創始者である岩崎弥太郎の個人出資により設立されました。なお、「東山」はヒガシヤマではなくトーザンと読み、岩崎の屋号から由来します。

東山農産加工はサンパウロに近いカンピーナスの地にて、冷房付き醸造所で「東麒麟（あずまきりん）」というブランドで製造を始めました。「東麒麟」はポルトガル語のミリン（小さい）に通じる「キリン」と東山を合わせた名称です。

1975年に同じ三菱グループのキリンビールが出資し、75～76年にホノルル酒造の副社長で技術者の二瓶孝夫氏が指導を行いました。その後、キリンがキッコーマンに株式譲渡をしたことで「東麟麟」から「東（AZUMA）」に名前が変わりましたが、一部の日系のレストランでは「東」の生酒が飲めるということで、ブラジル国内でも支持されています。

このように、ハワイでの酒づくりから始まり、北米や南米、そして世界各地に広がったSAKEのグローバル化は、移民たちの努力と情熱によって切り拓かれたのです。

ALL ABOUT THE SAKE BUSINESS

2

アメリカに日本酒が浸透するまでの3つの段階

現地製造のSAKEが世界化を進めていく上では、3つの段階があると考えるとわかりやすいです。

第1段階は、海外に出た日本人が自身のために造り、日本人だけが飲むSAKE。

第2段階は、海外に出た日本の大手蔵が、日本人と日本食レストランのために造り、日本人と現地の人が楽しむSAKE。

第3段階は、現地の人が地元のために造り、現地の人と楽しむSAKEで、これがいよいよローカルに根づき、本当の意味で世界酒になった状態です。

この3つの段階を、アメリカを例にとり、具体的に見ていきます。

◯第１段階　日本人のためのＳＡＫＥ

前項で説明をしたハワイのホノルル日本醸造会社がまさにこの例で、日本人の需要に応える形で設立しました。

なお、アメリカで正式な許可を得て設立された初のＳＡＫＥ醸造所は、１９０１年に設立したジャパン・ブリューイング（日本醸造会社）で、サンフランシスコのバークレーです。実は、ホノルル日本醸造会社よりも少し早い時期に設立され、この頃のカリフォルニアには数社のＳＡＫＥ醸造が存在していました。

しかし、禁酒法と第二次世界大戦の２つの動乱期により閉鎖を余儀なくされました。

◯第２段階　現地人と日本人のためのＳＡＫＥ

太平洋戦争中に閉鎖された米西海岸の日本酒醸造所の一部は、戦後に復活しましたが、２、３世代目の飲み手の減少によりすべて廃業しました。しかし、１９８０年前後にＳＡＫＥの生産は再び復活することになります。

その背景には日本食ブームがありました。というのも、アメリカ国内では肥満や成人病が問題化し、健康的な日本人の食生活が注目されたのです。

そこで輸出先として日本の営業マンが次々と渡米し、消費量が増えるものの、大手メーカーは1973年以来円高が進んだことで、下手すると赤字になる可能性がありました。そこで、思い切って現地製造に踏み切ったのです。口火を切ったのは大関（兵庫県）で、1979年にOzeki Sake（U・S・A）を設立しました。その後、宝酒造（京都府）、月桂冠（京都府）、八重垣（兵庫県）と続きます。場所はいずれもカリフォルニアです。

なぜカリフォルニアかというと、そこが米の生産地だったからです。カリフォルニア州で生産されていた米は「カルローズ」と呼びます。カルローズは「カリフォルニアのバラ」という意味で、日系移民たちが持ち込んだ米を、カリフォルニアの環境に合わせて改良を重ねて生み出した品種です。

実はカルローズの祖先は最高級の酒米「山田錦」の親種「渡船（わたりぶね）」から生み出された品種で、酒づくりにも適しています。「カリフォルニア米はパラパラしている」という話を聞きますが、それもそのはずで、酒米の特性を持っているからです。カリフォルニア州では生産する米の90%がカルローズなので、潤沢に「酒米」があります。

日本からアメリカへ旅だった米の名前が「渡船」というのはロマンを感じさせます。

◯第3段階　現地人による現地人のためのＳＡＫＥ

アメリカ人が日本酒・ＳＡＫＥに出会い、ハマった人たちが飲むだけではなく研究をし、その良さを広め、知ってもらうために自身で酒づくりを始めました。小規模で醸造をするので「Craft SAKE」と呼ばれました。

Craft SAKEの元祖と言われているのが、１９９７年にオレゴン州に誕生した「ＳＡＫＥ ＯＮＥ」です（現在は、白鶴のグループ会社です）。当時のアメリカはクラフトビールブームで、オレゴン州ポートランドは「クラフトビールの聖地」と呼ばれていました。クラフト文化の影響を受けて、アメリカの地元を意識した「Craft SAKE」が誕生しました。その後、２０００年以降に北米からクラフトサケの醸造所が次々に誕生していきます。

私が実際に足を運んだのは、２０１５年にカリフォルニア州で立ち上がった「セコイア・サケ」です。まるで秘密基地のような大きな車庫で、創業者のジェイク・マイリックさんがＳＡＫＥの醸造を行っています。

また、米の研究もされていて、カルローズの祖先の渡船に近い「カルル」という品種を選抜し、２０２０年から本格栽培を行っています。

Craft SAKE醸造の面白い点は、「杉樽のフレーバーをつけるために杉の棒を酒へ漬け込む」「ホップやボタニカルを使う」など、自由な発想で酒づくりにチャレンジしている点です。国内で生産する日本酒とは違う文脈で造られた、まさに現地人による現地人のための

ＳＡＫＥです。

そして、２０２３年には獺祭の新工場「DASSAI BLUE SAKE BREWERY」がオープンし、２０２４年にはＷＡＫＡＺＥが缶のスパークリングＳＡＫＥ「Summer Fall」でアメリカへ本格挑戦が発表されました。

このようにアメリカは、ＳＡＫＥ文化が今もっとも熱量の高い国と言えます。ＳＡＫＥの世界化とローカライズが成功した国として、他の国への展開においても学べる点がたくさんあります。

ALL ABOUT THE SAKE BUSINESS

3 ― 増え続ける日本酒のヨーロッパ輸出

ヨーロッパへ向けた日本酒の輸出額は年々増加しており、2023年は24・8億円です。輸出相手国としてもっとも金額が大きいのがイギリスで、フランス、ドイツ、オランダ、イタリア、スペインと続きます。

この日本酒需要増加には、特にフランスで毎年開催されているヨーロッパ最大級の日本酒見本市「サロン・デュ・サケ」が認知度向上に寄与していると考えられます。「サロン・デュ・サケ」は2014年より毎年開催され、2024年で10回目を迎えました。2022年には約5000名が来場したイベントで、その約7割が飲食のプロフェッショナルたちです。

日本酒の人気が高まっていく中で、ヨーロッパ各地でSAKEの現地生産も進んでいきます。ここからはイギリス、フランス、スペインに絞り、いかにして日本酒が造られているのかをご紹介します。

◯イギリスのSAKEづくり

イギリス初の酒蔵「KANPAI-London Craft Sake Brewery-」は、創業者であるイギリス人のウィルソン夫妻が日本酒を愛しすぎるあまり、ロンドン郊外に建設しました。水も風土も異なるイギリスで初のＳＡＫＥの醸造に成功したのは、この夫婦の功績によるものです。

酒蔵名となる「ＫＡＮＰＡＩ」は、京都のバーのマスターからお酒の飲み始めの挨拶が「乾杯」と教えてもらったことが由来です。文字通り「杯を空にするまで飲む」という意味が、美味しいＳＡＫＥを最後まで楽しんでもらうに相応しいという思いが込められています。

また、ケンブリッジ郊外には２０１８年に日本企業で初めてヨーロッパに設立した酒蔵「堂島酒醸造所」があります。

この酒蔵がユニークな点は、ハイエンドをターゲットとして日本酒の生産を行っていることです。その背景には、創業者の橋本良秀氏が「高級化こそ、ＳＡＫＥの市場を活性化させるために必要な戦略」と考えているためです。堂島酒醸造所は試飲会やツアーを通じて、ＳＡＫＥ本来の価値を広めることを目指しています。

２０２１年にはスパークリングＳＡＫＥに特化した「The Sparkling Sake Brewery」が設立されました。創業者の豊田直紀氏は、日本での修行を経て、現地でのスパークリングＳＡＫＥの生産に情熱を注いでいます。

◯フランスのＳＡＫＥづくり

フランスでは日本酒の現地生産が注目を集めています。その代表的な存在が、日本酒スタートアップ企業ＷＡＫＡＺＥで、美食の都パリにて日本人によるＳＡＫＥ醸造所を２０１９年にオープンしました。パリを選んだ理由は、経営ビジョンにある「日本酒を世界酒に」を実現するべく、世界的な流行の発信地であるパリに拠点を置く必要があったからです。

原料は、南フランスのカマルグ産の米と、現地の硬水、ワイン酵母を使い、１００％フランス産を実現しました。さらに、ワイン樽で熟成させるなど、フランスならではの要素を取り入れたＳＡＫＥの醸造を行っています。

ＷＡＫＡＺＥは２０２２年には直営のレストランをオープンし、タップでフレッシュな生酒を提供しています。料理は発酵をテーマとする麹や酒粕など、酒蔵直営ならではの素材とフランス産の原材料を組み合わせた、多様な日本食が楽しめます。

○スペインのSAKEづくり

「La Seda Líquida（絹の糸）」は、スペインのピレネー山脈でＳＡＫＥを生産する酒蔵です。創設者で杜氏のアントニ・カンピンズ氏は、スペイン国内で初めてのＳＡＫＥの醸造を始めた第一人者です。

２０１５年より自社の銘柄「絹の糸」の醸造を開始して以降、50以上の有名レストランやワインショップでの取り扱いがあります。

「透明なアジアの酒＝蒸留酒」というイメージが強いヨーロッパの地において、アントニ・カンピンズはスペイン語でＳＡＫＥの魅力を紹介する初めての本を出版するなど、ＳＡＫＥの啓蒙活動も精力的に行っています。

ALL ABOUT THE SAKE BUSINESS

4

アジアで受け入れられる日本酒

日本酒はアジア各国でも人気を博しています。特に中国および香港、台湾、韓国の３つの地域では、近年は日本酒の消費量が急増しています。

２０２３年の日本酒輸出額の相手先は、「1位：中国」「2位：アメリカ」「3位：香港」「4位：韓国」「5位：台湾」と、上位を日本の近隣国が独占しています。

◯中国で再び注目された日本酒の歴史

日露戦争に勝利した日本は、１９０５年にポーツマス条約で日本が遼東半島の租借権を獲得し関東州を設置します。さらに１９３２年に満州国を建国すると、経済は活況になり、その中で酒造業の動きもそれに合わせて盛り上がりました。

１９１０年頃から酒づくりが始まり、１９４５年の終戦時点では50の酒造場があったと言われています。それでも需要には追い付かず、日本のほか朝鮮からも輸入されたそうです。寒い満洲の地では、日本の本土の2倍以上の飲酒を行うそうですが、満州は日本国内と違い、お酒の製造による税がかからず、さらに日本からの輸入酒に対しては高い関税で守られたため、国内産の日本酒と満洲産のＳＡＫＥでは3倍近い価格差がつきました。

それが結果的に、内地のメーカーの満州進出の呼び水となり、「白鶴」が出資した「金鶴」や、広島県の三宅本店の「満州千福」、兵庫県の「菊正宗」などが満洲に進出しました。

しかし、１９４５年に日本の敗戦とともに製造は終了し、再び開始されたのはほぼ半世紀経った93～96年頃で、空白の時間が生まれました。奈良県の中谷酒造が１９９５年に設立した天津中谷酒造有限公司の「朝香」は、中国で成功したＳＡＫＥ生産の先駆者と言われています。

◯１２０年以上飲まれ続けてきた韓国

海外における清酒製造は、朝鮮半島が一番古いと言われています。しかも、中国や台湾、アメリカのような中断時期はなく、１２０年以上継続して日本人または朝鮮人・韓国人によって清酒が造られているのが特徴です。

ＳＡＫＥの製造の始まりは１８９０年頃で、釜山、仁川などで日本人経営による本格的な清酒製造が開始されました。白鶴、桜正宗、菊正宗、月桂冠などの大手が進出し、１９４５年の終戦時点で清酒の蔵元は１１９社ありました。

その後、ほとんどの酒蔵は韓国人に引き継がれました。もっとも歴史の長い銘柄は岡山県出身の西原金蔵氏が設立した「朝鮮酒造」をルーツに持つ、斗山酒造の「白花」です。

韓国向けの日本酒の出荷が伸びた要因としては、２００５年頃から始まった日本式レストランや居酒屋ブームです。驚くことに、現在韓国にはカリフォルニアやオーストラリアのＳＡＫＥも輸入されているそうです。

韓国ではアジア最大級の日本酒イベント「Seoul Sake Festival」が開催されており、国内外約５０００名を集客しています。普段ライバル関係にある輸入業者も、この日だけは分け隔てなくイベントを盛り上げ、結果として１２０の蔵元が参加する大きなイベントになっている点は注目すべきです。

◯台湾と日本酒の密接な関係

１８９５年に日本が統治してから、台湾でのＳＡＫＥ製造が始まりました。特徴的なのは、台湾では１９２２年から専売制として国が管理をしていたことです。その時点でＳＡＫＥの製造蔵は30程度だったそうです。なお、その当時に販売されていた銘柄は２つで、「福禄（ふくろく）」と「萬寿（まんじゅ）」でした。

終戦後に台湾は独立し、１９７３年に一度製造が途絶えたものの、１９９０年代に入って日本から輸入される清酒が急増しました。そして、１９９７年に「玉泉清酒」というブランドで台湾でのＳＡＫＥの製造が再開されました。

現在では、２００８年に民間として初となる「霧峰（むほう）農協酒蔵」ができ、台湾の台中市の池にて「初霧」というＳＡＫＥを製造しています。

ALL ABOUT THE SAKE BUSINESS

5 急激に日本酒が広がっている国・ベトナム

近年目覚ましい発展を遂げている東南アジアの新興国の中でも、特に熱量を感じさせるのがベトナムです。

ベトナムは急速な経済成長を遂げていますが、日本酒も勢いがあり、2022年の貿易統計によると金額ベースで7億566万円、数量ベースでは693キロリットルに達し、過去最高を記録。日本酒輸出国として金額・数量共に第9位まで増えています。

ホーチミンに赴くと、街の中心部では「SASHIMI」や「SUSHI」など和食レストランの看板をあちこちで見かけるほど、日本食が普及していることに驚かされます。現地の高島屋には角打ちができるバーやリカーショップがあり、イオンには日本酒専用の冷蔵庫があるほど日本酒が浸透しています。

さらに、ベトナムは日本からの輸入だけではなく、現地でＳＡＫＥの製造を行っているメーカーが2蔵あります。１つはフエ、もう１つはホーチミンにあります。

地理的な位置を把握していただくために説明すると、ベトナムは南北に細長い形をしています。主要な都市として北部に首都ハノイ、南部にホーチミンがあります。政治の中心がハノイ、経済の中心地がホーチミンで、この2つの都市の間に、歴史的な都市であるフエが位置しています。

フエで酒づくりを行う「フエフーズ」は、九州の建設会社が母体の酒造メーカーで１９９７年から醸造を開始しました。それから約30年もＳＡＫＥづくりを行っている老舗と言ってもいい酒蔵で、漫画『島耕作』(講談社)にも取り上げられたことがあります。

銘柄はベトナム(越南)の最初の清酒ということで、「越の一」と命名されました。醸造を始めたきっかけは、創業者である才田善彦氏が土木業の視察でベトナムを訪問した際に、酒づくりに理想的な環境だったからです。

ベトナムは米の生産に適した土地で、インドとタイに続き、世界第3位の米輸出国で有数の米どころです。さらにフエの水は、日本の京都伏見と似た軟水であり、酒づくりに適しています。

なお、醸造に使う米はもちろんベトナム産を使用し、180種類ある米の中から、匂いのしないものを厳選して酒づくりを行っています。出来上がったお酒は南国フルーツのような香りが特徴的で、すっきりとした味わいでした。

一方、ホーチミンで2022年10月にオープンしたのが「Mua酒造（Mua Craft Sake）」です。

最大の特徴は、醸造所にレストランが併設され、タップで出来立ての生酒を飲める点です。まるでクラフトビールのタップルームのようで非常にスタイリッシュです。スタンダードな生酒（Mua Classic）の他、グァバやパッションフルーツを使用したものがあり、まさにSAKEと呼べる自由なレシピのお酒を楽しめます。

Mua酒造は、ベトナムの投資家たちが投資し、日本酒の「紀土（きっど）」で有名な和歌山の平和酒造が技術指導を行ったことでベトナムの地酒が実現しました。

フエフーズの「越の一」がトラディショナルなSAKEとすると、Mua酒造はローカライズされた新進気鋭のSAKEです。ベトナムの地で、はっきりとスタイルの異なる2つのSAKEを楽しめるのは、新しい時代の到来を感じさせます。

ALL ABOUT THE SAKE BUSINESS

6

東南アジアの可能性

最後に東南アジアに焦点を当てて、日本酒・ＳＡＫＥ市場を見ていきます。

ここでの東南アジア全体はインドネシア、マレーシア、フィリピン、シンガポール、タイ、ブルネイ、ベトナム、ラオス、ミャンマー、カンボジアのＡＳＥＡＮ（東南アジア諸国連合）10か国のことを指します。

日本酒輸出額における東南アジアのシェアは、世界の中で約８％です。シェアとしては目立った規模ではないものの、大きく期待されているマーケットです。実際に私も東南アジア、特にカンボジア向けに日本酒の輸出事業を行っていますが、大いに可能性を感じています。

まず経済面で見ると、東南アジアは急速な成長を遂げています。インドネシア、タイ、ベトナムなどの国々は安定した成長を続け、2020年代の平均経済成長率は5％以上となっています。

また、人口構成で見ると若年層が圧倒的に多いのも特徴的です。カンボジアで言えば平均年齢は26歳で、実際に街を見渡すと若い人ばかりです。

そして、その若年層のほぼ全員がスマホを持ち、日本以上にテクノロジーが生活に溶け込んでいます。キャッシュレス化は日本より進んでおり、銀行が運営する口座に紐づけられたQRコードで決済が可能です。また、「Grab（グラブ）」という配車アプリのおかげで、スマホ1つで簡単に目的地に行くことができます。言葉が通じずともテクノロジーの力で、ストレスを感じることなく滞在することができるのが魅力です。

そして、東南アジアに可能性を感じる点として、もっとも大きな要素は主食が米であることです。

というのも、ヨーロッパの方に日本酒を紹介する際、「米で造ったお酒です」と伝えても、今一つ心に刺さらない場合があります。例えばリゾットは、現地の方にとってはあくまで野菜料理の一種として認識されることもあるそうです。普段から食べないため、「米らしい味わい」を伝えるのも難しいです。

このように米が主食かどうかは、日本酒を伝える上で大きな隔たりがあるのです。東南アジアは米を主食としているからこそ、その延長線上に日本酒を感じてもらえ、強いリスペクトを抱いてもらえます。ヨーロッパのワインに対してコンプレックスを持ってしまいがちな日本酒ですが、東南アジアの方から見れば同じ海外のお酒であり、「高くて当たり前」という感覚で対等に見てもらえます。そのために、単価の高いハイグレードの日本酒も受け入れられています。

人口が減少していく日本において、輸出は有効な出口戦略です。そして、高価格で数量も期待できる東南アジアは、物流面でも距離が近く、日本酒業界発展の道を拓く際に重要なマーケットとなると考えています。

現在カンボジアの地でＳＡＫＥづくりにチャレンジをしている方と話をする機会がありました。その方によると、独特の製法により、カンボジアで主流の細長いジャスミン米からも安定して酒づくりをすることができるそうです。今後この製法が普及すれば、米がある国では、どこでもＳＡＫＥが造れる時代がやってくるかもしれません。

アメリカ市場に挑んだ高峰譲吉の麹ウイスキー

日本酒や焼酎など、日本独自の技術である麹。この麹の力を信じて、アメリカの地でウイスキー造りにチャレンジをした、スタートアップの先駆者と言われる高峰譲吉（たかみねじょうきち）について紹介します。高峰氏は、医者の父と実家が酒造業を営む母の間に生まれた、富山県高岡市出身の化学者であり実業家です。

人が興奮したときに分泌されるホルモンの一種で、薬にも活用される「アドレナリン」を発見したのは高峰譲吉でした。世界で初めてホルモンの抽出に成功し、アドレナリンの結晶化をしたのです。

また彼は、「タカジアスターゼ」という胃腸薬を発明しました。これは、現代の「第一三共胃腸薬」にも使われている消化酵素材です。「麹菌の酵素は人の胃袋でもはたらき、でんぷんの消化の助けになるのではないか」と思いついたことが、タカジアスターゼ発明のきっかけになるのです。

なお、その後タカジアスターゼの日本の独占販売権を持つ第一三共の前身の1つである三共で初代社長にも就任します。

これら2つの発明は、世界の医療業界を飛躍的に発展させました。そして、元来酒好きだった高峰氏は、スコッチ・ウイスキーにも興味があり、日本の伝統的な酒造技術と西洋のウイスキー製造技術を組み合わせるという大胆な試みに挑戦しました。それが、彼が目指した「麹ウイスキー」です。

高峰氏は、ウイスキーを醸造する過程で麦芽（モルト）を作ることが手間のかかることであることに着目。日本酒の米と同じく、大麦のでんぷんを麹によって糖化できる方法を確立しました。

この手法は「高峰式元麹改良法」として特許を出願しています。この新手法は生産コストを12～15％削減すると見込まれていました。

その後、1890年にシカゴにあるウイスキートラスト社から声がかかり渡米しました。当時ウイスキー原酒を供給する蒸留の町イリノイ州のピオリアに居を構え、専用に設けられた試験醸造所で麹による糖化の実証実験を行うかたわら、モルトに換わる麹の技術を売り物とするTakamine Ferment Company（タカミネ・ファーメント社）を設立しました。

新製法によるウイスキーづくりは、効率性の面においては驚異的でしたが、一番ショックを受けたのは地元のモルト職人たちです。「自分たちの仕事が奪われるのではないか」という強い不安を抱かせてしまったのです。

そして、地元職人たちの反発を受け続け、ウイスキー醸造工場と研究所を不審火による火災で失ってしまいます。もし実現していれば、アメリカンウイスキーは今とはかなり違ったものになっていたのかもしれません。

高峰氏は、その後アメリカで培った麹の技術をベースに、タカジアスターゼを生み出しました。酵素の宝庫とも言われており、日本の麹菌の大きな力が世界に羽ばたいた瞬間でもありました。

現代でも、そのメカニズムが未解明な部分が多いとされる麹ですが、改めてその力の偉大さを感じていただけるのではないでしょうか。

第9章

クラフトサケに学ぶこれからの酒ビジネスの世界

Chapter 9

The future of sake business

ALL ABOUT THE SAKE BUSINESS

1

新ジャンル「クラフトサケ」とは何か

皆さんは「クラフトサケ」の言葉を耳にしたことはあるでしょうか。近年新ジャンルとして注目され始めています。

クラフトサケは、「日本酒の製造技術をベースに、お米を原材料としながら、日本酒では法的に採用できないプロセスを取り入れた新ジャンルのお酒」と定義されています。具体的にいうと、日本酒では「米」「米麹」「醸造アルコール」以外の原料の添加は認められていません。

一方クラフトサケは、ビールのホップやお茶、ブドウなどの果物やハーブなど様々な原料を使用することが認められています。そのため、日本酒ベースの新しく自由な味わいのあるお酒ができるのがクラフトサケです。

◯クラフトサケ誕生の背景

日本酒を造るためには、清酒の酒類製造免許が必要です。しかし、日本国内では日本酒を造るための免許は原則として認められていません。実際に70年間で一度も新規免許が発行されませんでした。

２０２１年より、輸出に限り新規免許の発行ができるようになったものの、国内向けの新規免許を取得するには、休廃業した酒蔵を買収もしくは継承する以外にはないので、日本酒業界への新規参入のハードルが非常に高いのです。新規免許の発行ができない理由は、酒税法が需給バランスの調整と既存事業者の保護を目的としているためです。

そのような中で、自社でのお酒づくりにこだわって２０１６年に創業したのが「ＷＡＫＡＺＥ」でした。酒税法を徹底的に調べた結果、醸造酒のジャンルの中でも日本酒やワインに属さない「その他の醸造酒」であれば新規免許が取れる可能性があるとわかり、２０１８年に免許を取得し、三軒茶屋醸造所をオープンしました。

「その他の醸造酒」は、日本酒やワイン、ビール以外の醸造酒であればお酒づくりが認められる免許です。ＷＡＫＡＺＥはその免許の性質を逆手に取り、あえてハーブやホップ、さらに山椒などのスパイスを入れた「ボタニカルＳＡＫＥ」や柑橘類、コリアンダーなどを使用したどぶろくなど、既成概念にとらわれない自由なお酒を造りました。

たった4・5坪のスペースで造られたこのお酒たちは、需要が減りつつあった日本酒業界に大きなインパクトを与えたとともに、醸造業界に新規参入ができるという希望を若者に与えました。そして、２０２０年以降次々に「その他の醸造酒」免許による醸造所が立ち上がりました。

◯クラフトサケの団体発足

２０２２年6月27日には、クラフトサケブリュワリー協会が発足しました。当時「その他の醸造酒」の免許を持つ「ＷＡＫＡＺＥ」に加え、「木花之醸造所」、「haccoba -Craft Sake Brewery-（ハッコウバ）」、「LIBROM Craft Sake Brewery（リブロム）」、「稲とアガベ」、「ＬＡＧＯＯＮ ＢＲＥＷＥＲＹ（ラグーンブリュワリー）」の6社が立ち上げのメンバーであり、現在では、「ハッピー太郎醸造所」「平六醸造」「ぷくぷく醸造」「ＡＤＡＣＨＩ ＮＯＵＪＯ」を加えた9社がクラフトサケブリュワリー協会に所属しています（ＷＡＫＡＺＥは２０２４年4月に脱退しました）。

協会発足の目的は、自分たちのお酒を法律の区分である「その他の醸造酒」という言葉を使わずに一言で「クラフトサケ」と伝えるため、そして、クラフトサケづくりに参入を希望している醸造所の支援やイベントを開催するためです。現在も、クラフトサケを造る醸造所が複数創業され、クラフトサケの知名度も徐々に浸透していると言えます。

◯自由なＳＡＫＥづくりをもっと広げるために

私が初めてクラフトサケを飲んだ時、本当に衝撃を受けました。

それは「クラフトサケだから」「その他の醸造酒だから」という珍しさからではなく、シンプルに美味しいと感じたからです。日本酒という枠を超えた「ＳＡＫＥ」と表現する以外にないお酒でした。

ワイン、ウイスキー、ジンなど、ひとたびお酒を造ればそのジャンルで大きな足跡を残す日本人。もし、日本酒というルールを取っ払って、今後「美味しいお酒」に向かってひたすら酒づくりをしたら、どんなお酒ができるのか。ワクワクが止まりません。

私の勝手な解釈ですが、「クラフト」とは「職人技、手作り」という意味の他に「自由」という意味もあると思っています。まさに「自由なＳＡＫＥ＝クラフトサケ」なのです。

クラフトサケの登場により、ＳＡＫＥづくりに人が集まり、日本の醸造技術、酒造技術がさらに発達していくきっかけになっていく。クラフトサケが日本の酒の未来を作る。そう信じてやみません。

ALL ABOUT THE SAKE BUSINESS

2 クラフトサケが創る地方の未来

クラフトサケは、酒づくりだけでなく地域活性化にも大きく貢献しています。ここでは秋田県の「稲とアガベ」と、福島県の「haccoba」の事例を紹介します。

○稲とアガベ

クラフトサケブリュワリー協会の初代会長である岡住修兵さんは、2021年に秋田県男鹿（おが）市に「稲とアガベ」を設立しました。

JR男鹿駅旧駅舎を再利用した醸造所には、ペアリング体験レストラン「土と風」が併設されています。また、酒づくりの過程で発生する酒粕を利用した「発酵マヨ」を作る食品工場や一風堂監修のラーメン店のオープンなど、様々な事業を展開し、地域に新たな魅力を生み出しています。

稲とアガベは、SNSを活用することで遠方からでも近くにいるような距離感が魅力です。呼びかけには思わず応えたくなります。2022年にはクラフトサケブリュワリー協会に加盟する醸造所が一堂に会した「猩猩宴（しょうじょうえん）」が男鹿駅前で開催され、東京から5時間以上離れている男鹿駅前に4000名以上の人が集まりました。これは、クラフトサケという取り組みが多くを引き寄せ、地域経済に大きな影響を与える一例です。

稲とアガベでは「男鹿酒シティ構想」を掲げ、男鹿を日本酒特区とすることで日本酒業界への新規参入を促進し、町を日本酒の新たな拠点にすることを目指しています。この構想により、「男鹿＝新興の日本酒の町」というイメージを作り上げ、将来的には酒の聖地となることを目指し、新しい文化を本気で作ろうとしているのです。

○haccoba

福島県南相馬市小高（おだか）区に醸造所をオープンした「haccoba」も、地域活性化に挑戦をしています。

福島県南相馬市小高区は、原発事故による避難指示区域に指定され、人口が一度ゼロになった街です。haccobaの代表である佐藤太亮さんは、ゼロからのまちづくりにチャレンジできることに魅力を感じて、移住を決意。世界的にもまれに見る、「人がいなくなった場所で日本酒づくりを行う」という前人未到のチャレンジを始めました。

haccobaの特徴は、拡大ではなく増殖を目指し、２０２３年には隣町の浪江町に２か所目の醸造所を新設、２０２４年２月にはＪＲ小高駅の無人駅舎に小さな醸造所を造り、コミュニティの拠点を増やしている点です。また、２０２４年４月には１２０名限定の新体験フェス「Yoi Yoi in Namie」を開催し、浪江の町に賑わいの息吹を与えました。

「稲とアガベ」と「haccoba」の事例から、クラフトサケづくりが地域と文化の醸成につながり得ることがおわかりいただけたと思います。

こうした取り組みは、地方の未来を形づくる上で大きなヒントになるはずです。今後クラフトサケが盛り上がっていくことで、地域の魅力を高めるとともに、地方経済の発展に大きく貢献していくのではないでしょうか。

ALL ABOUT THE SAKE BUSINESS

3

古くて新しいどぶろくの世界

クラフトサケを造るための根拠となる「その他の醸造酒」は、どぶろくを造ることができる免許でもあります。ここで改めてどぶろくと日本酒の違いについて説明をします。

どぶろくの造り方は途中までは日本酒と同じですが、最後の工程でアルコール発酵をしてお粥状になったもろみを搾るかどうかで分かれます。搾れば日本酒、搾らなければどぶろくになります。

参考までに、よく似たものにマッコリがあります。どぶろくは米のみを原料とするのに対し、マッコリはジャガイモやサツマイモ、トウモロコシなどの穀物を使っています。

どぶろくは日本酒以上に長い歴史をもっています。日本酒は室町時代の奈良県の正暦寺（しょうりゃくじ）を発祥とすると、約６００年の歴史があるのに対して、どぶろくは１３００年以上の歴史があり、稲作が日本でできるようになってから存在するという説もあります。

古来より豊穣を祈願するために、どぶろくをお供えする風習があり、現代でも神社でどぶろくを奉納するお祭りが各地で行われています。また、長い間、農家をはじめ一般庶民の家庭で日常的に造られ、飲まれていました。

しかし、時代が大きく変わったのは1899年、どぶろくを含むお酒の自家醸造が法律により全面禁止となったことです。それでも、明治から昭和にかけても密造はされていたようで、1961年には史上最高となる3551人が密造で検挙されました。

どぶろくは暮らしに根づき、コミュニティの潤滑油であり、必需品であったと推察されます。

2002年には、地域振興のために限定的にどぶろく醸造を許可する「どぶろく特区」という特別区域が設けられ、どぶろくづくりの規制が緩和されました。

岩手県遠野市では、いち早くこの制度を取り入れ、どぶろく特区第一号となりました。「民宿とおの」の佐々木要太郎さんが醸造するどぶろくは、素朴な田舎っぽいイメージとは一線を画する、エレガントな味わいから業界で話題となりました。このどぶろくは輸出もされており、スペインの世界的レストラン「ムガリッツ」では、どぶろくのためのコースが作られるほどです。

私もこのどぶろくを実際に飲みましたが、すりおろしリンゴのようにフレッシュで、今でも忘れられないほど衝撃を受けました。

「どぶろく特区」に加え、新規で「その他の醸造酒」の免許取得という流れが相まって、全国各地でどぶろく醸造が加速しました。

２０２０年には、はせがわ酒店が「試験製造免許」を取得し、「東京駅酒造場」が誕生しました。世界初のエキナカ醸造所です。また２０２２年には「紀土」の平和酒造（和歌山県）が、日本橋兜町（かぶとちょう）にブリューパブスタイルの「どぶろく兜町醸造所」をオープンしました。２０２３年には長崎に「てじま芳扇堂」が誕生しました。

こうして都心・地方問わずどぶろく醸造所が増え、味わいのバリエーションも進化していっています。クラフトサケに加えて、どぶろくの動向にも今後注目してみると面白いでしょう。

ALL ABOUT THE SAKE BUSINESS

4

「大吟醸が一番美味しい」はもう古い

日本酒と言えば、大吟醸という言葉が真っ先に浮かぶ人も多いでしょう。たしかに、大吟醸は日本酒における高級酒の代名詞であり、その繊細な香りとフルーティな味わいは、ビギナーから玄人まで幅広い人気があります。

しかし、「大吟醸が一番美味しい」という固定観念は、今や過去のものとなりつつあると言えます。なぜなら、現代の市場では多様なスタイルと味わいが求められている中で、大吟醸はどうしても味が近しくなるため差別化が難しくなってきているからです。

味を均質的にする最大の要因は、精米歩合です。玄米から50%以上磨いた米で醸した酒を大吟醸と呼びますが、米は磨くほど雑味がなくなり、クリアできれいな味わいになります。

どれだけ磨いたのかが1つの価値になり、アピールポイントとなるので、2000年代は各社がしのぎを削り、20%を切るものも登場をしました。

なかでも業界に大きな衝撃を与えたのは、新澤醸造店（宮城県）がリリースした精米歩合が1桁台となる7%の「残響」です。

同社はその後さらに0・85%まで削った「零響-Absolute 0」もリリースしています。2024年現在、売値は40万円以上の超高級な1本です。

1990年代前半に特定名称が採用されて以降、「大吟醸＝良いお酒」という価値観が根づいていきました。しかし、磨けば磨くほど味わいとしての差別化が難しくなりました。

近年では米の磨きに対する考え方が変わり、あえて磨かないお酒づくりをする酒蔵も増えています。あまり磨かない米を業界用語で低精白（ていせいはく）と言います。精米歩合80%や90%がそれにあたります。

クラフトサケを醸造する稲とアガベ（秋田県）は、食用米とほぼ同じ精米歩合90%のみでお酒づくりを行っています。すべて農薬や肥料を使わない自然栽培米を使用しています。過剰に米を削ることによる食品ロスが発生することを避けるためで、持続可能な社会を目指すという考え方からです。

幅広い世代に支持されている「新政」の新政酒造（秋田県）も「低精白純米酒　涅槃龜（にるがめ）」をリリースしています。寺田本家（千葉県）の「五人娘　発芽玄米酒　むすひ」のように全く米を磨かない玄米の日本酒もあります。

米を磨かないからこそ、米を磨きやすい山田錦などの酒米に縛られなくなり、コシヒカリやササニシキ、つや姫など、食べるお米でお酒を造る酒蔵も増えてきました。先ほどの例で言えば、稲とアガベも食べても美味しいササニシキで酒づくりをしています。

「大吟醸は美味しい」はたしかにその通りですが、それだけでは日本酒の魅力を語り尽くすことができないほど、多様化が進んでいることがおわかりいただけたと思います。

ワインで例えるのであれば、この数十年はクリアな白ワインを追求する歴史でしたが、これからは複雑味のある赤ワインや自由な味わいのロゼを目指す時代になっていくと考えます。

ALL ABOUT THE SAKE BUSINESS

5 大手メーカーの新たな挑戦

日本酒の大手である、白鶴、松竹梅、月桂冠、黄桜、大関、日本盛は、ナショナルブランドと言われるほど、まさに国を代表するお酒です。ここでは、大手メーカーの新たな挑戦とも呼べる事例を紹介したいと思います。

◯別鶴プロジェクト

日本最大の日本酒生産量を誇る「白鶴」を白鶴酒造(兵庫県)は、若手が中心となって「別鶴(べっかく)」という銘柄を誕生させました。

別鶴は、「新しいチャレンジをして、日本酒業界を盛り上げたい」という熱い気持ちをもった若手社員が経営層に提案し、2016年にプロジェクトがスタートしました。メンバーの多くが商品開発未経験という中で、多くの壁にぶつかりながらも、その度にメンバーで議論を重ね、先輩・上司の力も借りながら作り上げたそうです。「別鶴」には『白鶴』とは異なるタイプの商品をつくる」「これまでにない別格のお酒をつくる」という想いが込められています。

「新しい日本酒の世界を覗こう」のキャッチコピーで酒質開発を進め、商品名やデザインにもこだわっています。ラベルには商品名とリンクする望遠鏡が描かれ、内側の風景が覗ける点がユニークです。日本酒ビギナー層に向けて開発された別鶴が２０１８年に実施したクラウドファンディングでは支援の半数が20〜30代でした。若い世代から「パッケージがかわいくて、友人に紹介したい」など好意的な声が集まっているそうです。

○THE SHOT

月桂冠（京都府）の「月桂冠 THE SHOT」は、新酒質・新容器・新しい飲み方で、日本酒の新たな価値観を打ち出した商品として、２０１９年3月に発売されました。

手のひらサイズのボトルに、開け閉め可能なスクリューキャップを採用し、瓶から直接日本酒を飲む「ショット飲み」という新しい日本酒の飲み方を提案しました。コップ型のカップ酒よりもスタイリッシュになり、どこでも持ち運びがしやすいのが特徴です。コンビニでの取り扱いもあり、手軽に楽しむことができます。

ALL ABOUT THE SAKE BUSINESS

6 酒とテクノロジー

お酒とデジタル分野のテクノロジーとは、縁遠いイメージがあるかもしれません。

近年、世の中では様々なデジタル技術が生まれ、経営改革や顧客価値の向上を図る、いわゆるデジタルトランスフォーメーション（ＤＸ）は、多くの産業で急速に進展していきます。特にＡＩ、IoT、ブロックチェーンなどの技術が企業の業務効率化や新しいビジネスモデルの創出に大きな影響を与えています。

この流れは酒造業界も例外ではなく、実証実験が行われる場合や、実際に導入を開始している企業もあります。酒造業におけるＤＸの活用事例は、大きく整理すると２つのパターンに整理されます。

１つは、酒づくりや店頭販売の業務負担軽減を目的としたもの、もう１つはお酒自体にフォーカスして商品価値の担保や付加価値向上を目的としたものです。

以下、実際にテクノロジー別にＤＸ活用事例を見ていきます。

○ＡＩ：ＫＡＯＲＩＵＭ（カオリウム）

ＡＩ（人工知能）は人間の知能を模倣する技術であり、自然言語処理などを通じてデータから学び、判断する能力を持ちます。最近は、OpenAIが開発した生成ＡＩであるChatGPTが注目を集めています。

酒造業界におけるＡＩの活用事例の１つは、セントマティック（東京都）が開発するカオリウムです。香りを言語化する「日本酒ソムリエＡＩ」で、曖昧で捉えにくい日本酒の香りの印象を、言葉の可視化や人の感性とマッチさせられます。

例えば、「癒されたい」「ワクワクしたい」といったユーザーの気分と店頭にある日本酒とのマッチ度を計算し、相性の良い日本酒が提案されます。その際、画面にはお酒のボトルと共にライチ、白ブドウのような具体的な香りの印象や、すっきり、透明感、といったお酒の印象についても表示がされます。

カオリウムが導入された飲食店や酒屋では日本酒の購入率が上がったというデータもあり、接客ＤＸにつながっています。

○IoT：のまっせ

「IoT（Internet of Things）」とは「モノのインターネット」を意味し、家電製品・車・建物など、様々な「モノ」をインターネットとつなぐ技術です。遠隔操作によって外出時でもエアコンの操作ができるのもIoT技術によるものです。

なかでも、シンク（福島県）が提供する「のまっせ」は、地元会津の漆塗りをイメージしたコンパクトなIoT日本酒ディスペンサーです。

個人に紐づいたQRコードをかざすことで、誰が、いつ、どの順番で、どれだけ飲んだのか、という情報をクラウド上に蓄積することができます。実際に飲んだお酒のデータを記録できるので、好みの日本酒を推奨することが可能になります。

同時に、「30代の男性にこんなお酒が好まれている」といった属性情報を酒蔵側へフィードバックすることで、商品開発に役立てることもできます。省力化だけではなく飲み手とメーカーの満足度向上を兼ね備えています。

○ブロックチェーン：SHIMENAWA（しめなわ）

ブロックチェーンとは、情報を記録・管理するための技術で改ざんを防ぎ、データの正しさを証明することができる技術です。ブロックチェーンは偽造ができないという点を活かし、暗号資産で活用されているほか、ＮＦＴと呼ばれるデジタルアイテムの所有権を証明する特別な証明書を発行することもできます。

ＳＢＩトレーサビリティ（東京都）が展開するＳＨＩＭＥＮＡＷＡは、ブロックチェーン技術を活用してサービスを提供しています。誰が醸造した日本酒かを証明することで、偽物ではないことを証明できることに加え、開封を検知することで、いつごろ、どこで開けられたのか、などのデータを取ることが可能です。また、開封された瞬間をマッピングすることで、自社の商品の本当の消費場所を知ることができます。

そのほか、リーフ・パブリケーションズ（京都府）が提供する「Sake World NFT」では、ＮＦＴで購入した日本酒の資産化や、熟成酒の価値化による個人間売買の仕組みが構築されています。

デジタル技術の酒造業界での活用は、まだ黎明期です。人材不足で悩む酒蔵にとっては特にデジタル技術の活用が救世主になり得ます。

極端な話ですが、今後例えばＡＩの活用が進むことで、酒づくりの全工程を指示するＡＩ杜氏が登場するかもしれません。

蔵開きブームと成功の秘訣

新型コロナウイルスが落ち着いて以降、日本全国の酒蔵で「蔵開き」ブームが起こっています。

蔵開きとは、酒蔵を開放して地域のお客様を招き入れ、お酒をふるまうイベントで、いわば酒蔵のファン感謝デーです。2024年現在でも新たに始める酒蔵がいるほど、蔵開きは増えています。

この背景には、日本酒の消費量が減っていく中で、より多くのファンを囲い込み、客単価を上げ、継続的に利用をしてもらう、言い換えれば、顧客1人当たりのLTV（顧客生涯価値）を高めていくという戦略に変わってきていることが挙げられます。

蔵開きの開催場所や規模、方式は様々です。酒蔵単独での開催の場合もあれば、地域の酒蔵数社で共同開催をし、蔵巡りができるようにする場合もあります。人数も数百名規模から1万人を超えるケースもあります。

その中でも静岡県富士錦酒造では、直近で1社単独で8000名以上、コロナ禍前は1日1万4000人以上の集客を行っている、日本最大級の蔵開きです。地域の方だけではなく、3割以上は遠方からも来る県内外で圧倒的な人気を誇るイベントです。

富士錦酒造が蔵開きを始めたのは1997年で、初回は400名程度のスタートでした。始めたきっかけは、当時自社製品の流通が旅館や土産物に偏っていたので、飲食店で何とか逆指名をしてもらえるようになりたいという想いからでした。そして、回を重ねるごとに人数が増え、新型コロナウイルス前の2019年には集客数が1万人を超えました。

ここからは富士錦酒造を例に、蔵開き成功の秘訣についてご紹介します。

◯販売とオペレーション

富士錦酒造のイベントの収益にもっとも直結するのが物販です。特に、第4回目の2001年に4000名を超えた頃からお酒の販売に注力しています。直販は当然ながら流通コストがかからないので、利益率が高いのが理由です。

そして、お客様が選びやすくするためにアイテムを絞る、最適なレジの数を割り出すなど、収益を最大化するための工夫を重ね続けました。発送を希望する方が多いので、発送用のレジを作るのがミソで、イベント前には売り場のトレーニングもするそうです。そうした努力の末、物販で数千万円以上の売上を上げられるようになったそうです。

○試飲

何らかのイベントの参加経験がある方はわかると思いますが、目の前の列が何の列なのかがわからなくなることがあります。

そこで、遠くから見ても何の行列に並んでいるのかわかるように大きな看板を出し、それぞれの列が干渉し合わないよう、導線を設計しているそうです。

ここでもお酒の選択肢は極端に減らしながら、普段飲めない大吟醸などのお酒に絞ることが、お客様の満足度と効率的なオペレーションにつながります。

○お客様へ事前に招待状を送付

デジタルではなく、あえて紙のＤＭでお客様に直接招待状を送っています。このＤＭにも一工夫があります。

来場したお客様がすぐにお土産を購入できるように、手書きができる注文リストもお客様に送るのがミソで、お客様は来場後にすぐに注文ができます。また、招待状に付属した入場券にはお客様コードがあるので、来場者を管理することができます。現地に行けない人のために、限定酒の予約販売もできるようにしているのもポイントです。

○アクセスと地元との協力

富士錦酒造は最寄り駅の新富士駅から車で40分離れているので、立地的には不利な条件です。しかし、シャトルバスを10台以上レンタルすることで、お客様のアクセスを確保しています。また、地域おこし協力隊などのボランティアスタッフの力を借り100名以上のスタッフでお客様を迎え入れています。

ここで紹介した取り組みのように、ファンに愛され続ける蔵開きを実施するには、お客様目線の満足感と運営側のオペレーションのバランスを取り、従業員や地元住民と地道な改善を重ねていくことが蔵開きの成功につながり、より一層愛される蔵につながるのです。

終章

日本が「SAKE立国」になる日

Chapter 10

The day Japan becomes a sake nation

私が本格的に日本酒を飲み始めたのは、リーマンショック前後の２００９年でした。諸先輩方からすると、まだまだ飲酒歴としては短い若造ではありますが、それでも飲み続けてきた体感をもとに、日本国内におけるあらゆるジャンルのお酒の環境が変わってきていると肌で感じています。

例えばワインは、数年前まで海外で輸入をしたブドウや、濃縮果汁を使用したワインが製造・販売されており、その品質もあまり良いものとは言えなかったと思います。読者の方の中にも「日本のワイン」と聞いて良いイメージを持っていない方もいらっしゃるかもしれません。

実は、以前は輸入したブドウや濃縮果汁を使用しても、日本で製造を行えば「国産ワイン」と表示できてしまいます。法律で定める「ワイン法」のようなものがそれまではなかったのです。

しかし、近年こうした日本国内のワイン環境が大きく改善され、２０１８年10月から品質とブランドを守るための法律が施行されました。この法律により、１００％日本国内のブドウを使用しなければ、「日本ワイン」と名乗ることができなくなりました。

それ以降、国内のワインの品質は明らかに向上し、「日本ワイン」は１つのジャンルとして海外からも認められるようになりました。

国産ウイスキーも、現在では世界から高い評価を受けています。

日本初の本格国産ウイスキー「サントリーウヰスキー（通称〝白札〟）」が誕生したのは1929年4月のことです。そして、約70年後の2001年には世界のウイスキーの品評会「ベスト・オブ・ザ・ベスト」において、ニッカウヰスキーの「シングルカスク余市10年」が総合1位を、サントリーの「響21年」が2位を獲得しました。

歴史の深いスコッチ、アイリッシュ、アメリカン、カナディアンと並び、たった数十年でジャパニーズは「世界5大ウイスキー」に数えられるようになりました。輸出金額で見ると、2020年には日本酒を超えて日本産酒類のトップに躍り出ました。

ハーブや果実の香りが楽しめるジンは、「飲む香水」とも呼ばれています。

地域色を出した小規模な蒸留所が造る「クラフトジン」は、2010年ごろに欧州でブームに火が付き、日本にも波及しました。京都蒸溜所（京都市）が先駆けとなり、2016年発売の「季の美」が人気になりました。柚子・山椒・ワサビなど日本独特のオリエンタルな風味が海外でも人気を博しています。

2016年以前はほとんどゼロだったジンの輸出量は2017年には一気に46倍となり、直近の2022年には500万リットルを超えるなど、驚異的な伸び率を記録しています。

このように日本は、あらゆるジャンルにおいて、お酒を造りはじめるとあっという間に世界を席巻できるクオリティを持っています。これは日本人がものづくりを含め、丁寧な仕事をする精神性と、日本酒の製造技術を持っているからだと推察しています。

以前、日本酒だけではなく焼酎やビールを造っている酒蔵にインタビューしたときには「日本酒づくりが一番難しい。逆に日本酒が造れれば、どんなお酒でも造れるようになる」と言われるほど、日本酒づくりは高度な酒造技術なのです。

私は、日本で造られたお酒全般を「ＳＡＫＥ」と考えています。それは、クラフトサケをはじめとする既成の概念に捉われないお酒たちがどんどん出現していることで、日本酒の味わいの定義そのものがボーダーレスになりつつあるからです。

少子高齢化で内需が弱まっていくことが予想される日本。外貨を稼ぐ起死回生の一手はＳＡＫＥであり、ＳＡＫＥ立国日本が今後目指すべき姿です。

おわりに

お酒の一番の魅力は、強力なまでに人と人を結び付ける力を持っていることです。酒縁と呼ばれる、酒の席でのご縁は様々な出会いを生みます。

執筆していく上で、今の私がお酒で事業を営む者として多くの方との出会いや交わした言葉の積み重ねの上にあるのだと感じました。数えきれないほどの酒縁によって、この本は出来上がっています。

1人の日本酒ファンとして走り抜いた40歳という節目において、一旦立ち止まり、これまでの自分の足跡を見つめ直す貴重な機会となりました。

私が独立してお酒に関わっていけるのは、まず社会人として最初の赴任地である新潟県糸魚川（いといがわ）市で出会った方々のおかげです。配属先の製造工場では、ものづくりの最前線で、その面白さや現場のリアルを学ぶことができました。

また、和太鼓演奏や地元の合唱チームとの歌、日々の雪かきなど、東京では得られない経験を得ました。知り合いも親戚もいない土地にもかかわらず、今では第二の故郷と思っています。糸魚川の地での生活とそこで酌み交わした日々によって、日本の酒文化を学ぶことができました。私にとってかけがえのない財産です。

さらに、お酒の世界にのめり込む転換期は名酒センターの方々との出会いです。お酒を楽しむ側から楽しませる側になったことで、見える世界が一気に広がりました。

日本酒の最前線を見たいと思い、アメリカを単身で放浪したことも、海外での流通と酒づくりを知る上で貴重な時間になりました。縁が縁を呼び、カンボジアへお酒を輸出することになり、その事業も軌道に乗りつつあります。

日本酒ファンとして、発信する人間として、お酒で事業を行う者として、紆余曲折を経ながら学ばせていただいたバラバラの知識と経験が1つの形になったのが、本書『酒ビジネス』です。

この書籍を出版する貴重な機会をくださったクロスメディア・パブリッシングの皆さんに感謝を申し上げます。そして、推薦をしてくださった『魚ビジネス』の著者のながさき一生さん、ありがとうございました。糸魚川というご縁が、ここでもつながりました。

また、この書籍のために取材に協力をしてくださった方々にも御礼を申し上げます。

第1章では八海醸造様、第3章では旭酒造様、第5章では大関様、菊水酒造様、第9章では白鶴酒造様、そして、コラムの蔵開きにおいては富士酒造様のご協力に感謝申し上げます。アメリカの日本酒とＳＡＫＥ事情においては、サチコさん、いつもありがとうございます。

これまでお世話になった皆さま方にも本当に感謝申し上げます。皆さまあっての今があります。そして、本書の執筆にチャレンジするに際し、蔵楽の社員と関係者の皆さまのご協力にも感謝します。おかげさまで無事に完成までこぎつけることができました。

最後に、本書を手に取り、お読みいただいた皆さま、本当にありがとうございます。

日本酒は日本人の精神の結晶です。先人を否定せず、狂気なまでに良いものを造ろうとするものづくりへの想いが連綿とつながったことで、今日の日本酒があります。

もし歴史がもう一度あったとしても、現在の日本酒の形にはなっていないはずです。

日本酒を知ること、そして酒造業に携わることは、日本人の魂を伝えることであり、心の豊かさにつながると、私は本気で思っています。

お酒と健康の関係がネガティブなものに捉えられつつある現代ですが、人と人との関係を豊かにする力を持つお酒は、心の健康にはなくてはならないものです。

皆さまのこれからのお酒ライフが充実したものになることを祈念します。

それでは、お酒の準備はよろしいでしょうか？　乾杯！

参考資料

・武者英三（監修）『蔵元を知って味わう日本酒事典』ナツメ社／２０１１年
・鈴木芳行『日本酒の近現代史』吉川弘文館／２０１５年
・秋山裕一『酒づくりのはなし』技報堂出版／１９８３年
・弘兼憲史『「獺祭」の挑戦　山奥から世界へ』サンマーク出版／２０２０年
・桜井博志『勝ち続ける「仕組み」をつくる　獺祭の口ぐせ』ＫＡＤＯＫＡＷＡ／２０１７年
・桜井博志『逆境経営――山奥の地酒「獺祭」を世界に届ける逆転発想法』ダイヤモンド社／２０１４年
・ダイヤモンド・ビジネス企画『ワンカップ大関は、なぜ、トップを走り続けることができるのか？』ダイヤモンド社／２０１４年
・千葉麻里絵、宇都宮仁『最先端の日本酒ペアリング』旭屋出版／２０１９年
・堀江修二『日本酒の来た道　歴史から見た日本酒製造法の変遷』今井出版／２０１４年
・葉石かおり（監修）『日本酒のペアリングがよくわかる本』シンコーミュージック／２０１７年
・渡辺順子『世界のビジネスエリートが身につける　教養としてのワイン』ダイヤモンド社／２０１８年
・神崎宣武『酒の日本文化　知っておきたいお酒の話』角川ソフィア文庫／２００６年
・坂口謹一郎『日本の酒』岩波書店／２００７年
・久保順平『世界の富裕層を魅了する「日本酒」の常識　元ファンドマネジャーの蔵元だから語れる本当の話』日経ＢＰ／２０２２年
・吉田集而（編集）、玉村豊男（編集）『酒がＳＡＫＩと呼ばれる日』ＴａＫａＲａ酒生活文化研究所／２００１年
・ワダヨシ、浅井直子『日本酒はおいしい！』PIE International／２０２４年
・田崎真也『Ｎｏ.１ソムリエが語る、新しい日本酒の味わい方』ＳＢクリエイティブ／２０１６年
・日本酒サービス研究会・酒匠研究会連合（ＳＳＩ）『新訂　日本酒の基』ＮＰＯ法人ＦＢＯ／２０１８年
・日本ソムリエ協会『ＳＡＫＥ ＤＩＰＬＯＭＡ教本（Third Edition）』好学／２０２３年
・dancyu
・Discover Japan ２０２４年1月号「ニッポンの酒 最前線 ２０２４」
・国税庁ホームページ／農林水産省ホームページ／八海醸造ホームページ／菊水酒造ホームページ／月桂冠ホームページ／白鶴ホームページ／大関ホームページ／獺祭ホームページ／きた産業ホームページ／リーデルホームページ／SAKETIMES／SAKE Street／たのしいお酒.jp／Tippsy Sake／日本経済新聞／日経クロストレンド
・ダイゴ（社会福祉士×日本酒学講師＝Sake Social Worker）note

読者特典

一度は訪ねてみたい酒蔵30選

読者特典は下記URLよりダウンロードしてください。

https://cm-group.jp/LP/41027/

※情報は2024年10月現在のものです。
営業時間や予約方法の変更、休業といった可能性があるため、
ご紹介した酒蔵を訪れる際は、
事前にインターネット等でお調べの上で訪問されることをおすすめします。

※読者特典は予告なく終了することがございます。

［著者略歴］
髙橋理人（たかはし・まさと）
株式会社蔵楽代表／呑み手のプロ
早稲田大学商学部を卒業後、大手化学メーカーに新卒入社。社会人初の赴任地である新潟県糸魚川市にて日本酒に開眼。その後、大手コンサルティングファームにて製造業の業務・経営改革に従事。コロナ禍を契機に、2020年10月に株式会社蔵楽（クラク）を創業。「酒蔵を世界一働きたい場所に」をビジョンとして、東南アジア向けの輸出、日本酒サブスク「TAMESHU（タメシュ）」の他、酒蔵のプロデュースや酒イベントの企画など幅広い事業を行っている。製造から流通まで酒業界全般に対する幅広い知見を持つ。現場と「苦楽」を共に、汗をかきながら寄り添う支援を得意とする。座右の銘は「一周回って本醸造」。J.S.A.認定SAKE DIPLOMA、ワインエキスパート、SSI認定国際唎酒師などを取得。

酒（さけ）ビジネス

2024年10月31日　初版発行
2025年3月3日　　第3刷発行

著　者　　髙橋理人

発行者　　小早川幸一郎

発　行　　株式会社クロスメディア・パブリッシング
〒151-0051 東京都渋谷区千駄ヶ谷4-20-3 東栄神宮外苑ビル
https://www.cm-publishing.co.jp
◎本の内容に関するお問い合わせ先：TEL（03）5413-3140／FAX（03）5413-3141

発　売　　株式会社インプレス
〒101-0051 東京都千代田区神田神保町一丁目105番地
◎乱丁本・落丁本などのお問い合わせ先：FAX（03）6837-5023
service@impress.co.jp
※古書店で購入されたものについてはお取り替えできません

印刷・製本　　中央精版印刷株式会社

ISBN978-4-295-41027-0　C2034